电气工程安装调试运行维护实用技术技能丛书

照明电路及单相电气装置的安装

第 3 版

白玉岷　主编

机 械 工 业 出 版 社

本书以工程实践经验为依托，详细讲述照明电路及单相电气装置的安装调试、运行维护、竣工交验等工程的工艺方法、程序要点、质量监督及注意事项等，是从事电气照明及单相电气装置工作技术人员的必读之物。

　　本书内容有照明电路及单相电气装置工程的总体要求，安装条件及元件的检查、测试、试验、验收，照明电路及单相电气装置安装常用技术方法，照明电路及单相电气设备的安装，照明电路的测试及试灯，单相电气装置及线路的测试和试验等，并详细讲述了常见公共场所照明及单相电气装置的安装维护，主要有应急诱导灯、水下照明灯、体育场馆照明装置、人工音乐彩色喷泉、舞台照明、舞厅及宴会厅声光控制及照明、医疗机房电气设备、航空闪光障碍灯、客房电气设备、自动门、电动卷帘门及其他单相电气设备等。

　　本书适合从事电气照明工程的技术人员、技术工人、物业电工阅读，也可作为青年电工培训教材以及工科院校、职业院校电气专业师生教学实践用书。

图书在版编目（CIP）数据

照明电路及单相电气装置的安装/白玉岷主编. —3 版. —北京：机械工业出版社，2016.1
（电气工程安装调试运行维护实用技术技能丛书）
ISBN 978 - 7 - 111 - 51992 - 8

Ⅰ. ①照… Ⅱ. ①白… Ⅲ. ①电气照明 - 电路 - 安装②电气设备 - 设备安装　Ⅳ.①TM923.02②TM05

中国版本图书馆 CIP 数据核字（2015）第 258793 号

机械工业出版社（北京市百万庄大街22 号　邮政编码100037）
策划编辑：张俊红　责任编辑：间洪庆
责任校对：杜雨霏　封面设计：马精明
责任印制：李　洋
北京圣夫亚美印刷有限公司印刷
2016 年1 月第3 版第1 次印刷
184mm×260mm　·9.75 印张·240 千字
标准书号：ISBN 978 - 7 - 111 - 51992 - 8
定价：29.80 元

电气工程 安装调试 运行维护 实用技术技能丛书

照明电路及单相电气装置的安装

主　　编	白玉岷			
编　　委	刘　洋	宋宏江	陈　斌	高　英
	张艳梅	田　明	桂　垣	董蓓蓓
	武占斌	王振山	赵洪山	张　璐
	莫　杰	田　朋	谷文旗	李云鹏
	刘晋虹	白永军	赵颖捷	
主　　审	悦　英	赵颖捷	桂　垣	
土建工程顾　　问	李志强			
编写人员	刘　洋	宋宏江	陈　斌	高　英
	张艳梅	田　明	桂　垣	董蓓蓓
	武占斌	王振山	张　璐	赵洪山
	莫　杰	田　朋	谷文旗	李云鹏
	白永军	韩月英	刘晋虹	高春明
	赵颖捷	贾连忠	武双有	李志强
	闫敬敏	李树兵	王佩燕	张瑜军
	赵玉春	王　建		

前　言

当前，我国正处于改革开放、经济腾飞的伟大时代。在这样的大好形势下，我们可以看到电工技术突飞猛进的发展，新技术、新材料、新设备、新工艺层出不穷，日新月异。电子技术、计算机技术以及通信、信息、自动化、控制工程、电力电子、传感器、机器人、机电一体化、遥测遥控等技术及装置已与电力、机械、化工、冶金、交通、航天、建筑、医疗、农业、金融、教育、国防等行业技术及管理融为一体，并成为推动工业发展的核心动力。特别是电气系统，一旦出现故障将会造成不可估量的损失。2003 年 8 月美国、加拿大大面积停电，几乎使整个北美瘫痪。我国 2008 年南方雪灾，引起大面积停电，造成 1110 亿人民币的经济损失，这些都是非常惨痛的教训。

电气系统的先进性、稳定性、可靠性、灵敏性、安全性是缺一不可的，因此电气工作人员必须稳步提高，具有精湛高超的技术技能，崇高的职业道德以及对专业工作认真负责、兢兢业业、精益求精的执业作风。

随着技术的进步、经济体制的改革、用人机制的变革及市场需求的不断变化，对电气工作人员的要求越来越高，技术全面、强（电）弱（电）精通、精通技术的管理型电气工作人员成为用人单位的第一需求，为此，我们组织编写了"电气工程安装调试运行维护实用技术技能丛书"。

编写本丛书的目的，首先是帮助读者在较短的时间里掌握电气工程的各项实际工作技能，使刚毕业的学生尽快地在工程中解决工程实际设计、安装、调试、运行、维护、检修以及工程质量管理、监督、安全生产、成本核算、施工组织等技术问题；其次是为工科院校电气工程及自动化专业提供一套实践读物，亦可供学生自学及今后就业参考；第三是技术公开，做好电气工程技术技能的传、帮、带的交接工作，每个作者都是将个人几十年从事电气技术工作的经验、技术、技能毫无保留，公之于众，造福社会；第四是为刚刚走上工作岗位的电气工程及自动化专业的大学生尽快适应岗位要求提供一个自学教程，以便尽快完成从大学生到工程师的过渡。

本丛书汇集了众多实践经验极为丰富、理论知识精通扎实、能够将科研成果转化为实践、能够解决工程实践难题的资深高工、教授、技师承担编写工作，他们分别来自设计单位、安装单位、工矿企业、高等院校、通信单位、供电公司、生产现场、监理单位、技术监督部门等。他们将电气工程及自动化工程中设计、安装、调试、运行、维护、检修、保养以及安全技术、读图技能、施工组织、预算编制、质量管理监督、计算机应用等实践技术技能由浅入深、由易至难、由简单到复杂、由强电到弱电以及实践经验、绝活窍门进行了详细的论述，供广大读者，特别是青年工人和电气工程及自动化专业的学生们学习、模仿、参考，以期在技术技能上取得更大的成绩和进步。

本丛书的特点是实用性强、可操作性强、通用性强。但需要说明，本丛书讲述的技术技能及方法不是唯一的，也可能不是最先进、最科学的，然而按照本丛书讲述的方法，一定能将各种工程，包括复杂且难度大的工程顺利圆满地完成。读者及青年朋友们在遇到技术难题时，只需翻阅相关分册的内容便可找到解决难题的办法。

从事电气工作是个特殊的职业，从前述分析可以得知电气工程及自动化工程的特点，主要是：安全性强，这是万万不容忽视的；专业理论性强，涉及自动控制、通信网络、自动检测及复杂的控制系统；从业人员文化层次较高；技术技能难度较大，理论与实践联系紧密；工程现场条件局限性大，环境特殊，如易燃、易爆等；涉及相关专业广，如机、钳、焊、铆、吊装、运输等；节能指标要求严格；系统性、严密性、可靠性、稳定性要求严密，从始至终不得放松；最后一条是法令性强，规程、规范、标准多，有150多种。电气工作人员除了技术技能的要求外，最重要的一条则是职业道德和敬业精神。只有高超的技术技能与高尚的职业道德、崇高的敬业精神结合起来，才能保证电力系统及自动化系统的安全运行及其先进性、稳定性、可靠性、灵敏性和安全性。

因此，作为电气工程工作人员，特别是刚刚进入这个行业的年轻人，应该加强电工技术技能的学习和锻炼，深入实践，不怕吃苦、不怕受累；同时应加强电工理论知识的学习，并与实践紧密结合，提高技术水平。在工程实践中加强职业道德的修养，加强和规范作业执业行为，才能成为电气行业的技术高手。

在国家经济高速发展的过程中，作为一名电气工作者肩负着非常重要的责任。国家宏观调控的重要目标就是要全面贯彻落实科学发展观，加快建设资源节约型、环境友好型社会，把节能减排作为调整经济结构、转变增长方式的突破口。在电气工程、自动化工程及其系统的每个环节和细节里，每个电气工作者只要能够尽心尽责，兢兢业业，确保安装调试的质量，做好运行维护工作，就能够减少工程费用，降低事故频率，降低运行成本，削减维护开支；就能确保电气系统的安全、稳定、可靠运行。电气工作人员便为节能减排、促进低碳经济发展，保增长、保民生、促稳定做出巨大的贡献。

在这中华民族腾飞的时代里，每个人都有发展和取得成功的机遇，倘若这套"电气工程安装调试运行维护实用技术技能丛书"能为您提供有益的帮助和支持，我们全体作者将会感到万分欣慰和满足。祝本丛书的所有读者，在通往电工技术技能职业高峰的道路上，乘风破浪、一帆风顺、马到成功。

本书（第3版）的修订工作得到了电工界、安装修理单位、设计单位、供电部门、工矿企业、高等院校及其众多实践经验丰富、技术技能精湛、解决电工技术难题熟练的双资型高工、教授、技师、技术人员、技术工人、电工师傅和年轻朋友们的关心和支持，张家口市高新房地产开发有限公司对本书的再版给予了极大的帮助，提供了很多珍贵的资料，这里向他们表示衷心的谢意。本书倘若能为读者提供相应技术技能的帮助，我们全体作者将会感到万分的欣慰和满足。本书由白玉岷主编，新增加的内容由刘洋、宋宏江、陈斌、高英、张艳梅、田明、董蓓蓓、武占斌、王振山、赵洪山、张璐、莫杰、田朋、谷文旗、李云鹏、刘晋虹、白永军编写。

由于作者专业水平的局限，书中不妥之处恳请专家同行批评指正。

白玉岷

目　录

第一章 总体要求

照明电路及单相电气设备在工业电气工程中占总容量的比例较小，控制电路简单；而在民用建筑的电气工程中，特别是在高层建筑中占总容量的比例较大，且线路较长，控制回路复杂，接线部位多，虽然与动力电路相比安装上要简单得多，但同样要引起重视。然而在工程实践中，有些工作人员对照明线路及装置的安装、调试、运行、维护不够重视，认为设备简单，技术含量低，并不去下功夫掌握，往往有时也会铸成大错。1996年一夏夜华北某风力发电升压站由于气候恶劣造成停电，应急电源供电不足，当即投入备用柴油发电机组，但在场的工作人员均为从事高压变配电工程的人员，无论怎样努力也不能恢复电站的照明。这时有一位在农村从事过电工的农民工想出一个办法，才算恢复了照明，连夜抢修以保证正常运行。照明电路及单相电气设备在安装工程中一是要使三相的容量尽量均衡，且保证零线有足够的容量和强度从而保证其不易断开；二是要控制相线（火线）；三是要注意有感性元件（如荧光灯镇流器、单相电动机）的回路中导线截面积的选择；四是要保证灯具及设备安装的美观整齐和接线的正确可靠；五是要注意做好接地或接零保护；六是随着新科技产品的出现，要熟读其说明书。

照明电路及单相电气设备的安装主要包括元件的检查、测试，线路的敷设，控制箱、灯具及开关元件的安装、接线、试灯直至竣工验收等工序。

照明电路及单相电气设备的安装应符合电气装置施工及验收规范的要求，标准号：GB 50303—2002、GB 50254—2014、GB 50169—2006、GB 50150—2006。

一、总则

1）为保证电气装置配线工程的施工质量，照明电路及单相电气设备安装工程的设计应由具有相应资质的单位进行。

2）照明电路及单相设备电气安装工程应由具有相应资质的安装单位进行。

3）配线工程及照明装置、单相设备的施工应按已批准的设计进行。当修改设计时，应经原设计单位同意，方可进行。

4）采用的设备和器材及其运输和保管，应符合国家现行标准的有关规定；当产品有特殊要求时，尚应符合产品技术文件的规定。

5）设备和器材到达施工现场后，应按下列要求进行检查：

① 技术文件应齐全。

② 型号、规格及外观质量应符合设计要求和规范的规定。

二、配线工程

1）配线工程施工中的安全技术措施，应符合国家现行标准规范及产品技术文件的规定。

2）配线工程施工前，建筑工程应符合下列要求：

① 对配线工程施工有影响的模板、脚手架等应拆除，杂物应清除。

② 对配线工程会造成污损的建筑装修工作应全部结束。

③ 在埋有电线保护管的大型设备基础模板上，应标有测量电线保护管引出口坐标和工程用的基准点或基准线。

④ 埋入建筑物、构筑物内的电线保护管、支架、螺栓等预埋件，应在建筑工程施工时预埋。

⑤ 预留孔、预埋件的位置和尺寸应符合设计要求，预埋件应埋设牢固。

3）配线工程施工结束后，应将施工中造成的建筑物、构筑物的孔、洞、沟、槽等修补完整。

4）电气线路经过建筑物、构筑物的沉降缝或伸缩缝处，应装设两端固定的补偿装置，导线应留有余量。

5）电气线路沿发热体表面敷设时，与发热体表面的距离应符合设计规定。

6）电气线路与管道间的最小距离，应符合有关规定。

7）配线工程采用的管卡、支架、吊钩、拉环和盒（箱）等黑色金属附件，均应镀锌或涂防腐漆。

8）配线工程中非带电金属部分的接地和接零应可靠。

9）配线工程的施工及验收，应符合国家现行的有关标准规范的规定。

三、电气照明装置

1）电气照明装置施工前，建筑工程应符合下列要求：

① 对灯具安装有妨碍的模板、脚手架应拆除。

② 顶棚、墙面等抹灰工作应完成，地面清理工作应结束。

2）电气照明装置施工结束后，对施工中造成的建筑物、构筑物局部破损部分，应修补完整。

3）当在砖石结构中安装电气照明装置时，应采用预埋吊钩、螺栓、螺钉、膨胀螺栓、尼龙塞或塑料塞固定；严禁使用木楔。当设计无规定时，上述固定件的承载能力应与电气照明装置的质量相匹配。

4）在危险性较大及特殊危险场所，当灯具距地面高度小于 2.4m 时，应使用额定电压为 36V 及以下的照明灯具，或采取保护措施。

5）安装在绝缘台上的电气照明装置，其导线的端头绝缘部分应伸出绝缘台的表面。

6）电气照明装置的接线应牢固，电气接触应良好；需接地或接零的灯具、开关、插座等非带电金属部分，应有明显标志的专用接地螺钉。

7）电气照明装置的施工及验收，应符合国家现行的有关标准规范的规定。

四、单相设备

单相设备控制较简单，一般由普通开关、插座控制。因此，对其安装要求非常严格。

1）当交流、直流或不同电压等级的插座安装在同一场所时，应有明显的区别，且必须选择不同结构、不同规格和不能互换的插座；配套的插头应按交流、直流或不同电压等级区别使用。单相设备的额定电压一般为 220V，接线时必须核定电压。

2）插座接线应符合下列规定：

① 单相两孔插座，面对插座的右孔或上孔与相线连接，左孔或下孔与零线连接；单相三孔插座，面对插座的右孔与相线连接，左孔与零线连接。

② 单相三孔、三相四孔及三相五孔插座的接地（PE）或接零（PEN）线接在上孔。

插座的接地端子不与零线端子连接。同一场所的三相插座，接线的相序一致。

③ 接地（PE）或接零（PEN）线在插座间不串联连接。

3）特殊情况下插座安装应符合下列规定：

① 当接插有触电危险的家用电器的电源时，采用能断开电源的带开关插座，开关断开相线。

② 潮湿场所采用密封型并带保护地线触头的保护型插座，安装高度不低于1.5m。

4）照明开关安装应符合下列规定：

① 同一建筑物、构筑物的开关采用同一系列的产品，开关的通断位置一致，操作灵活、接触可靠。

② 相线经开关控制；民用住宅无软线引至床边的床头开关。

5）吊扇安装应符合下列规定：

① 吊扇挂钩安装牢固，吊扇挂钩的直径不小于吊扇挂销直径，且不小于8mm；有防振橡胶垫；挂销的防松零件齐全、可靠。

② 吊扇扇叶距地高度不小于2.5m。

③ 吊扇组装不改变扇叶角度，扇叶固定螺栓防松零件齐全。

④ 吊杆间、吊杆与电动机间螺纹连接，啮合长度不小于20mm，且防松零件齐全、紧固。

⑤ 吊扇接线正确，当运转时扇叶无明显颤动和异常声响。

6）壁扇安装应符合下列规定：

① 壁扇底座采用尼龙塞或膨胀螺栓固定；尼龙塞或膨胀螺栓的数量不少于2个，且直径不小于8mm；固定牢固可靠。

② 壁扇防护罩扣紧，固定可靠，当运转时扇叶和防护罩无明显颤动和异常声响。

第二章 安装条件及元件的检查、测试、试验、验收

一、土建工程及开工应具备的条件

1）土建工程已基本完工，除装灯时配合的装修工程外，其他装修工程已完，室内已清扫干净，门窗齐全、玻璃和门锁已装。

2）所有管路、箱盒已在配合土建时按设计要求预埋，铁管与铁箱盒已点焊且点焊牢固，明装线路的木砖、T形铁杆也按设计要求预埋，否则应修补。

3）和土建工程有关的孔洞已预留且位置、标高、截面积均符合设计要求；箱盒处的抹灰或装修符合设计要求，不妥之处已修复。

4）管路、箱盒的预埋及其他预埋件的标高、位置、规格、数量等经验收合格；同一元件（如开关、插座、箱）标高不一致的应在土建配合下修整合格。

5）组织工长、班长对土建工程及箱、盒、管的预埋进行验收，不合格的要进行纠正。

二、元件及材料的检查、测试和验收

1）开关箱及内部元件、各类开关（包括拉线开关、扳把开关、按键开关、电扇调速开关等）、灯具、插座等元件的外观应完整，没有明显的机械损伤及变形。配件齐全，油漆或电镀完整，焊缝无裂纹。开关应灵活，关断的声音正常，标志清晰可见且规范。所有的元件应有产品合格证及使用说明书，铭牌完整规则。

2）规格、型号、数量、开关箱回路个数应和设计图样相符。

3）用500V绝缘电阻表测试元件相与相之间、相与地之间、正常带电部分与正常不带电部分之间的绝缘电阻，其值应不小于1MΩ。

4）用万用表欧姆档测试开关的开关特性，断开时趋于∞，闭合时趋于0；对于刀开关和熔断器，还应检查刀开关接触的严密性及可靠性，端口必须接触紧密，闸口应与刀口对正，接线螺钉或压接熔丝的螺钉与螺纹啮合应良好。

5）绝缘导线的规格型号应符合设计要求、外观整齐美观、绝缘层完好、有合格证，必要时须测试导线的直流电阻和导线的直径，要测量芯与芯、芯与绝缘层的绝缘电阻（用500V绝缘电阻表）。

直流电阻的测试应在整盘导线的头与尾之间进行，这样也能查出中间是否断线。导线的直径应用千分尺测量。

6）断路器应做过载和短路试验，并按负载的情况将其过载整定在额定电流的1.2～1.5倍上。单相小断路器出厂时已整定好，可不必重新整定。接触器、按钮、继电器应进行试验，带漏电保护的断路器要进行漏电保护试验，通常是按动试验和按钮试验，也要通电后模拟漏电试验，应动作可靠及时，必要时要用秒表计时，不合格的要退给供应商。

7）仪表（电压表、电流表、电能表）必须校验，无检定合格证的要进行检定，特别是电能表，必须在安装前进行检定。根据经验，电能表的不合格率在3%～5%之间，有的是超差，有的是停走，有的是潜动（无负载时走字）不合格，这样的电能表对用户来说是不负责任的。

8）查校电表箱、控制箱的接线是否正确、牢固可靠，特别是电能表。根据经验，电能表的接线错误率在10%以上。

9）单相电气设备如单相电动机、风扇、窗式空调器、炊事机具等，除进行外观合格证检查外，通常应测试绝缘电阻，单相电动机要按三相电动机测试必要的项目，合格后应进行通电试验，正常运转后才能入库，以免残杂伪品混入。

10）建设单位供应的材料应及时将其质量情况反馈到监理单位。

三、施工组织设计的到位情况

1）施工图样已会审，标准规范或标准图册已到位。

2）施工工艺程序及施工方案已组织编制完成，并已成册到位。

3）质量目标已确定，技术措施及质量计划已组织编制完成。

4）安全目标已确定，安全措施已落实，并组织工长、班长进行验收合格。安全管理方案已编制完成。

5）工期及进度计划已确定，保证措施已编制完成。

6）环境目标、环境管理方案及措施已落实、完成。

7）现场管理机构已成立，施工组织及人员设置已落实，对人员按照进度计划已仔细安排和分工，并留有裕量。

8）施工机具已运至施工现场，并入库保管，临时用电已组织验收。

9）主要材料、导线、元件、设备器具已部分运至现场，并由材料员进行验收和保管。

10）施工平面图已布置，食住、办公、临建已完成，并由项目经理、工长进行验收合格。

11）事故应急预案已编制完成，并已由主管部门批准。

12）安装人员已进入现场，并由项目经理、技术负责人及工长组织进行开工前的学习并提出要求，主要有：质量目标、质量计划，安全目标、安全方案，环境目标、环境方案，应急预案，工期及进度计划，安全技术措施及安全交底，安装技术措施及技术交底，施工方案及工艺程序等。并对机具使用、临电使用、材料节约、食住行、环境保护、卫生等方面提出要求和注意事项。

同时强调施工安全及注意事项，必要时应公布现场行为规范和禁令，确保安全生产。

13）上述内容应责成确定的人选进行监督和检查，并与每个人的绩效挂钩，纳入年终评比。

四、照明电路及单相电气元件测试试验技术方法

电气元件测试试验技术方法要求测试人员必须熟练掌握测试试验仪器仪表的正确使用及其试验标准，其内容较多，这里不便列出，敬请参阅本丛书《电气设备、元件、材料的测试及试验》分册第一章内容，这里仅对一些常用元件具体测试方法进行讲述。

（一）小型电动机的测试及试验

1. 外观及机械部分的检查

1）外观检查应无裂纹、无机械性损伤及破损，接线盒完整，端子无损，引出线牢固且绝缘护层完好，线鼻子压接或焊接良好，编号齐全，附件及备件齐全且无损伤；定子和转子分箱装运的电动机，其铁心、转子和轴颈应完整无锈蚀现象，其绕组、绝缘无破损，无过热痕迹。新电动机铭牌应完整，数字清晰，技术文件齐全，有产品合格证，外壳油漆完整，接地螺钉牢固。

2）电动机的容量、极数或转速应与设计及拖动设备相符，电动机的型式应与工作条件及拖动设备相适应。

3）盘车转动转子时，应无阻卡，且不得有阻卡或撞击声音；前、后轴承的声音无异常，应为均匀的"嗡嗡"声，一般用螺钉旋具或铁棍试听，转速应尽量快，见图2-1。

4）打开轴承盖，检查润滑脂应正常、无变色、变质及硬化现象，性能符合电动机的工作条件。

5）轴承上下无晃动，前后无窜动。用双手握住前轴颈，上下或左右扳动，轴应无明显的位移及旷量；前后推拉轴头，轴应无明显的位移，见图2-2。必要时可将风叶罩及风叶取下检查。电动机轴向窜动及转子径向摆动应符合表2-1的规定。

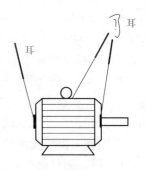

图2-1　试听电动机
声音的方法

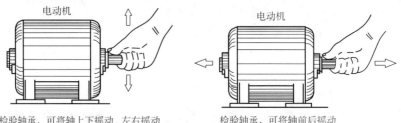

检验轴承，可将轴上下摇动、左右摇动　　　　检验轴承，可将轴前后摇动

图2-2　电动机轴承旷量的检验方法

表2-1　电动机转子轴向、径向移动允许范围

类别	电动机容量 /kW	轴向窜动范围/mm	
		向一侧	向两侧
转子轴向窜动范围	10 以下	0.5	1.00
	10～30	0.75	1.50
	31～70	1.00	2.00
	71～125	1.50	3.00
	125 以上	2.00	4.00
	轴颈大于200mm	轴颈直径的2%	
转子径向摆动范围	轴颈 100～200mm 长	≤0.02mm	
	轴颈大于200mm 长	≤0.03mm	

注：向两侧轴向窜动应根据磁场中心位置确定。

6）电刷及集电环应接触严密、弧度吻合、压力均匀，一般应在 0.015～0.025MPa 之间，可用压接纸条的方法测试；电刷的弧面及集电环应光滑无毛刺、清洁、无电火花的痕迹黑斑、无油污。连接电刷的编织带（铜辫子）应牢固，接触良好，不得与转动部分或弹簧片相碰触。电刷的绝缘垫应完好。电刷在刷握内能上下自由移动，其间隙一般为 0.1～0.2mm。

上述的检查合格后，才能进行电气参数的测试，如发现盘车声音异常、轴承晃动或窜动、润滑油变质、电刷及集电环匹配不合等，则应进行修理，否则应更换电动机。

2. 电气参数的测试试验

（1）绝缘电阻的测试　低压电动机应用 500V 的绝缘电阻表或数字绝缘电阻测试仪的 500V 档进行绝缘电阻的测试。新电动机相与相、相与地（机壳）间的绝缘电阻应大于 1MΩ，低于 0.5MΩ 者应进行干燥处理，仍不合格者应检查绕组或修理。

测试时，先将接线盒打开，把△联结或丫联结的连片取下，见图 2-3；如果是没有接线盒而是直接引出的接线端，则应把三根线连接在一起的星点打开，或是把△联结的头尾连接点打开，见图 2-3，这时应将原来的接法做好标记，以便识别。然后用万用表的欧姆档或绝缘电阻表测量一下每相绕组的两个端头是否相通，即 1-4、2-5、3-6（U-u、V-v、W-w），否则说明接线有错误或者内部断线，这时应用表找出三组两个端头相通的绕组，即为 U 相（1-4）、V 相（2-5）、W 相（3-6）绕组，并重新做好标记，最后再测量其绝缘电阻。

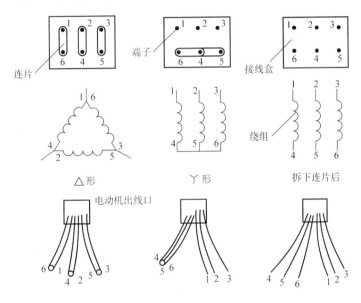

图 2-3　三相电动机接线端子的识别

测量前先校对绝缘电阻表，轻轻摇动手把（顺时针），这时表头指针应趋向 ∞，然后迅速使两表笔相碰，指针应立即指向零位。这时应该把两根绞在一起的绝缘电阻表的测量线分开（这是测量者往往容易忽略的地方），任意一端接在电动机的接地端子上（接线盒带有接地标志⊥的螺钉）或与外壳的金属部分接好，另一端接在任一相绕组的任一端，测量线应悬空放置，不得与地面或他物触及。然后一手将平置的绝缘电阻表按住，另一手以 120r/min 的速度顺时针摇动手把，这时指针开始偏转，摇动时间应大于 1min，当指针停留不动时所指的数值即为该相绕组对地的绝缘电阻。用同样方法测量其他两相，测完后应将三相绕组用导线对地短接一下放电，特别是对容量较大的设备或较长的线路更要注意放电，以保安全。

然后将测量表笔分接在任意两相绕组的任一端，测量该两相的相间绝缘电阻，再测其他两相。

对于电动机配套的可变电阻器、起动电阻器、灭磁电阻器的绝缘电阻，当与回路一起测量时，不应低于 0.5MΩ。

关于绝缘电阻表的选用，规范规定：100～1000V 的电气设备或线路，应使用 500V 或 1000V 的绝缘电阻表；1000V 以上的应使用 2500V 或 5000V 的绝缘电阻表。超越规范的使用将会使电气设备或线路的绝缘受到损坏，减小使用寿命，或者使绝缘受到损坏的电气设备或线路在运行中烧毁。低于规范使用将起不到测量绝缘电阻的作用。

（2）绕组直流电阻的测试　直流电阻是指绕组的导线在不含有交流成分的状态下的纯电阻，测量直流电阻的目的是为了检查绕组的平衡性，以至能在交流时产生相等的阻抗和三相平衡的电流，使电动机正常运行。而绝缘电阻是指绕组在通电的情况下，绕组与绕组之间、绕组与地之间互相隔绝、绝对不能通电的电阻，它是标志设备或绕组绝缘强度的，以至在通以额定电压时或试验电压时不至于击穿，进而保证电动机的正常运行。

直流电阻的测量应使用数字万用表或直流电桥，也可用 SB2230 直流数字电阻测试仪测量。100kW 以下的低压电动机虽未规定，但也应测量每相的直流电阻，以便衡量电动机的好坏，为运行提供准确的数据，其值应近似相等。

同时应测量与电动机配套的可变电阻、起动电阻、灭磁电阻的直流电阻，与产品出厂数据的差值不应大于10%，且接触良好，无开路现象。

（3）极性试验　除中性点不引出的电动机外，三相电动机应做绕组极性的试验。所谓绕组的极性是指三相绕组中每个绕组的头尾引出线是否正确，且三个绕组是否一致。在测量绝缘电阻时，我们已经用表找出三组两个端头相通的绕组，即 U 相、V 相、W 相绕组，但是每组的两个端头哪个是头、哪个是尾这很重要，如果接线中头尾倒反，这将会使电动机起动时，由于绕组中流过电流的方向变反，使电动机的磁动势和电抗发生不平衡，因此引起电动机严重振动、噪声、啸叫、三相电流不平衡、电动机过热、转速降低，甚至造成电动机不转、熔丝烧断或断路器跳闸以至烧坏电动机等。极性的试验是保证电动机正常运行的重要途径，特别是经过修理或新出厂的电动机必须做极性试验。

3. 空载试验

经过上述检查和试验合格的电动机可进行空载试验。空载试验前应重新检查一下轴承的转动情况，并盘车转动转子试听一下转动的声音是否正常，检查有否径向或轴向的摆动或窜动，然后摇测一次绝缘，整机正常、无不妥，即可通电试验。

1）通电试验应合理选择起动电路和设备，一般小型电动机可用刀开关直接起动；中型电动机应用接触器或断路器直接起动；大型电动机必须用减压起动器起动。最好是用安装好的电动机本身的起动设备，但是使用前这些设备需经检查、试验合格后方可使用。临时电源的接取要注意送电的范围，通常是先将车间的进户电源、机组的进户电源或控制柜的进户电源临时拆下，然后将临时电源接在被拆下进户电源的总开关的上闸口。临时电源的导线、开关容量、送电距离应符合电动机的要求。一般的安装单位都有试车电源专用设备，把电源总开关、起动器及电缆都装在一辆小车上，电缆是用滚筒卷起来的，使用起来很方便。临时电源接好后，应在所有供电范围内的柜体上悬挂临时用电的警告牌，避免误操作。临时电源从正式电源的接线必须符合接线要求，不得随意绑扎。

2）相序的测量，一般可逆电动机都不测相序，但对于不可逆电动机，例如深井泵电动机，绝对不能反转，所以在接线前必须先测电源的相序，并按相序接线，只能接对，不得接错。测量相序用相序表，可将相序表用三根绝缘细导线与三相临时电源连接起来，通电后相序表的转盘则顺时针或逆时针转动，对应于不可逆电动机的转向标志箭头，按相序表测得的相序接线即可。也就是转盘的转向如和电动机箭头方向相同，即可按相序表三根导线的接线顺序和电动机的 U、V、W 连接；如果方向相反，可将相序表的三根导线任意两根对调一下，这时相序表转盘的转向和电动机箭头方向相同，即可按对调后的接线顺序和电动机连接。或者将测得的电源相序对调一下和电动机的 U、V、W 连接也可，详见图 2-4。

3）电源电压的测量，一般用万用表交流电压 500V 档测量三相的线电压 U_{UV}、U_{VW}、U_{WU}，应基本相等。电压无误后，即可按电动机的接法接线，见图 2-5。

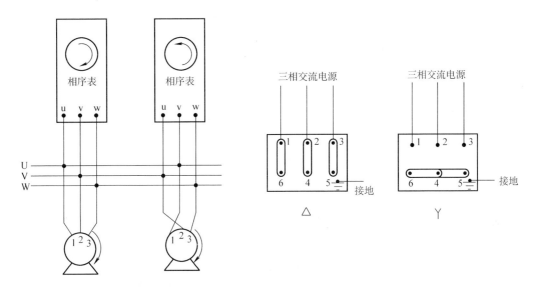

图 2-4　相序表的使用方法　　　　　图 2-5　电动机的接线方法

4）检查无误后，即可起动电动机，先将电动机点动起车一次，观察有无异常，如声音啸叫、振动、发出电火花、绞磁、转速缓慢或不转而发出"嗡嗡"声等，应停车检查，找出故障所在，修复后经试验合格后才能再度起动试验。如无异常即可起动电动机，连续空载运行。如仍有异常，则应停车处理。

5）电动机空载运行时应检测以下项目：

①　测听电动机机壳、轴承等各个部位的声音是否正常，一般应为均匀的"嗡嗡"声，没有断续、没有跃变且声音小而低沉，见图 2-1。

②　用钳形电流表测试三相的空载电流，一般选用 $\frac{1}{2}I_N$ 的档位，I_N 可按 2A/kW 估算；将钳口张开，分别把每根导线卡入钳口内，然后闭合钳口，一一测量。空载电流应三相平衡，误差不大于 10%，且每相空载电流为 $\frac{1}{3}I_N$ 左右。空载电流与电动机的容量、极数有关，见表 2-2。如空载电流太大，说明定子与转子之间的气隙可能超出容许值，或是定子匝数太少，或是每相绕组应一路串联而错接成两路并联；空载电流太大的电动机拖动负载时，很容易发热进而烧毁电动机。如空载电流太小，说明定子绕组匝数太多，或是三角形联结错接成星形联结，或是两路并联误接成一路串联等；空载电流太小的电动机将使转矩减小，拖不动负载，进而烧坏电动机。三相不平衡度太大，说明绕组的接线有错。

③　用转速表测量电动机的转速是否和铭牌一致，相差太大说明电动机绕组的接线有误，或是在槽内下线时的节距有误等，应退货处理。

转速表的使用较简单，先按铭牌转速选择正确的档位，将顶针插入表盒内，一定要卡好，另一端（橡皮头）顶在电动机轴头圆心的小坑上，转动的电动机带动顶针转动，表头即可指示出转速。顶的时候不要用力太猛，另外要注意安全。

表 2-2　电动机空载电流与额定电流百分比

极数＼容量	0.125kW	0.5kW以下	2kW以下	10kW以下	50kW以下	100kW以下
2	70～95	45～70	40～55	30～45	23～35	18～30
4	80～96	65～85	45～60	35～55	25～40	20～30
6	85～98	70～90	50～65	35～65	30～45	22～33
8	90～98	75～90	50～70	37～70	35～50	25～35

（二）低压电器的测试及试验

低压电器包括电压为 60～1200V 的刀开关、转换开关、熔断器、断路器、接触器、控制器、主令电器、起动器、电阻器、变阻器及电磁铁等。

1. 主要测试项目

（1）测量低压电器连同所连接电缆及二次回路的绝缘电阻值，不应小于1MΩ；在比较潮湿的地方，可不小于0.5MΩ。

（2）电压线圈动作值的校验　线圈的吸合电压不应大于额定电压的85%，释放电压不应小于额定电压的5%；短时工作的合闸线圈应在额定电压的85%～110%范围内，分励线圈应在额定电压的75%～110%范围内均能可靠工作。

（3）低压电器动作情况的检查　对采用电动机或液压、气压传动方式操作的电器，除产品另有规定外，当电压、液压或气压在额定值的85%～110%范围内，电器应可靠工作。

（4）低压电器采用的脱扣器的整定　各类过电流脱扣器、失电压和分励脱扣器、延时装置等，应按使用要求进行整定，其整定值误差不得超过产品技术条件的规定。

（5）测量电阻器和变阻器的直流电阻值，其差值应分别符合产品技术条件的规定。

（6）低压电器连同所连接电缆及二次回路的交流耐压试验　试验电压为1000V。当回路的绝缘电阻值在10MΩ以上时，可采用2500V绝缘电阻表代替，试验持续时间为1min。

2. 具体试验和测试方法

（1）绝缘电阻的测量　一般应用500V的绝缘电阻表，630V的矿用低压电器应用1000V的绝缘电阻表。应测试相与相、相与地（外壳金属部位）及开关断开状态下，上闸口与下闸口的绝缘电阻以及吸合线圈的绝缘电阻。正常条件下，新产品应大于5MΩ，最低不得小于1MΩ，潮湿地方应大于0.5MΩ。

（2）低压电器的动作情况及电压线圈动作值的校验（包括一般常用的低压继电器，如热继电器、电流继电器、时间继电器等）

1）接触器的试验：用绝缘导线将接触器线圈的两端接好（将剥开绝缘的线芯压紧在线圈端子的瓦片下即可），另一端接在单相闸的下闸口，取下接触器的灭弧罩，并将一小条强度较大的薄纸条，放在静触头和动触头之间的缝隙上。检查无误后，即可将单相闸合上，接触器立即吸合。这时用力抽取小纸条，如触头接触紧密，压力实足，小纸条则抽不出，或者用力抽则撕破；如接触不好，则容易抽出，这样的触头在运行中易烧坏，应调整或修复，如达不到正常使用条件，应退货。

同时观察触头接触面应大于90%，可根据纸条撕破的痕迹判断，否则应用0#砂纸打磨或更换新触头。

检查触头接触情况也可用数字万用表或直流电桥，测量闭合后的动触头和静触头（也就是下闸口和上闸口）间的直流电阻，其阻值应为零，否则说明接触不好。

再用万用表测量所有辅助触头的接触电阻，线圈通电前，常开触头应为无穷大，常闭触头为0；通电后，常开触头应为0，常闭触头应为无穷大，否则说明接触不好，应调整。

将闸拉掉，接触器应立即释放，再合闸应立即吸合，否则说明有阻卡或铁心粘连，应找出阻卡的位置修复，用棉丝蘸酒精或汽油将铁心截面擦洗干净。线圈通电后，接触应无声响或声响微小。

试验接触器吸合情况和触头分合状态，也可以采用下面的方法。

准备三只万用表，都旋在欧姆档，一只接在辅助触头的常开触头上，一只接在辅助触头的常闭触头上，另一只接在三副主触头串联的回路里，见图2-6。然后观察合闸和拉闸后接触器吸合和释放时的情况。主触头和辅助触头的动作应对应，否则说明接触器的触头不同步。主触头闭合后，接在主触头回路里的万用表和接在辅助常开触头的万用表，读数为零；接在辅助常闭触头的万用表，读数为无限大。主触头分开后，将与上述相反，否则说明有故障，应修复。辅助触头应一一测试，每每仔细观察。

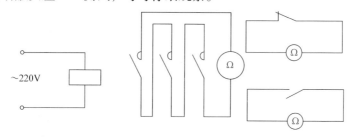

图2-6 接触器触头的分合试验

试验时应注意安全，并且不得使主触头和辅助触头带电，更换接线时应仔细检查无误后才能合闸试验。

空投试验全部合格后，才可以进行主触头的通电试验，接线见图2-7。

主触头的连接应使用预制好的软铜线做成的两端带接线端子的铜辫子，其规格应按接触器的额定电流来选择。线路中所有的连接应紧密可靠，电流互感器的二次侧不得开路，并可靠接地。

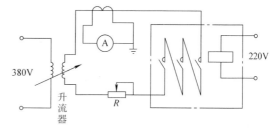

图2-7 接触器主触头的通电试验

按图2-7所示接好线并检查无误后即可通电。先合上接触器线圈的电源，使接触器主触头闭合；然后再合升流器的电源开关，缓慢调节升流器，使电流升至接触器的额定电流。随着电流的递增，仔细观察触头的情况，当达到额定电流的额定值或1.1倍时，停止升流。观察10～30min后，用蜡片试温，应不熔化；或用点式温度计测温，应小于室温，因为金属表面温度略低于室温，否则说明触头接触不良。升流器通常可用电焊机代替。

　　然后将灭弧罩上好，装时应小心，不要碰触主触头。装好后，将线圈电源的闸拉掉，然后再合上，这样反复分合10次。每次接通时间和间隔时间可为2~3s。试验完后，将接触器释放，并将升流器的调节手柄置回到零位。再将灭弧罩取下，仔细检查接触头和接触面不得有任何烧伤、起弧的痕迹，否则说明触头断流能力小，灭弧能力差，使用寿命的次数少，不能用于起动控制回路。

　　额定电流试验合格后，再将接触器灭弧罩装好，并使其吸合，然后合上升流器的开关，缓慢升流。使电流升至4倍额定电流，即将接触器释放，同时使升流器断开电源。断开后立即拆开灭弧罩，测量触头温度，其值不应高于室温10℃，触头的接触面不应有烧伤、起弧的痕迹。

　　这时将升流器的输出线两端短接起来，短接应用线夹进行，短接应紧固可靠，然后将升流器的电流值升至10倍额定电流，立即将升流器电源关掉，其调好10倍额定电流的手柄位置不变。将短接线夹打开，重新按图2-7接好，先把升流器的电源合上，这时注意，升流器的二次回路是断开的，没有电流。然后将接触器电压线圈的刀开关合上，接触器即带10倍额定电流吸合，合闸时间一般不超过5s，再使接触器释放，同时将升流器电源关掉，打开灭弧罩，测量触头和触面的温度，其值不应超过室温70℃，并无明显的烧伤和起弧的痕迹。

　　上述10倍额定电流的试验也称作通断能力的试验，可连续做三次，中间间隔时间应不大于30s。

　　经过上述空投试验、通电试验和通断能力试验并合格的接触器，可用于控制柜的起动回路，否则应更换。同一厂家生产的批量接触器一般可按10%进行抽查，合格率应为100%。

　　2）中间继电器的试验：中间继电器的试验和接触器的试验基本相同，但只做空投试验。

　　3）断路器的试验：DZ10系列断路器和接触器的试验有很多相同的地方，所不同的是断路器一般型号没有合闸的电磁线圈，现以DZ10-400/330说明DZ10系列断路器的试验方法。

　　将断路器固定上盖的四角螺钉拧下，把上盖打开，再把灭弧罩取下，扳动手把即可合闸，然后用数字万用表或电桥即可测量触头的接触电阻；同样可用纸条法检查触头的接触状况；扳动手把合闸、拉闸空操作时，其传动应无卡自如，否则应调整。合闸后可用螺钉旋具触动电磁脱扣器的动铁心（任一相）或热脱扣器的连杆，断路器应跳闸，否则说明跳闸传动部分有卡。断路器跳闸后，应重新扳下手把，使其复位，才能重新合闸。

　　断路器的通电试验的接线见图2-8。试验方法和内容同接触器。

　　当试验电流为1倍额定电流时，断路器长时间不动作；当试验电流为1.1~2.0倍额定电流时，断路器应延时动作，延时特性可通过连杆上的螺钉与热元件动作舌片的距离进行调整；当试验电流为10倍额定电流时，断路器瞬时跳闸，动作时间小

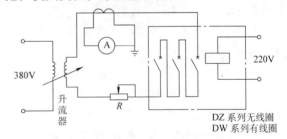

图2-8　断路器的电流试验

于0.2s。动作电流及动作时间可通过动铁心与铁心的距离进行调整。断路器出厂时，电磁脱扣一般都调在10倍额定电流上，热脱扣器一般不调整。通常用电磁脱扣器保护短路，瞬时动作；而用热脱扣器保护过载，延时动作，在整机调试时要重新调整。电磁脱扣器和热脱

扣器是串联在每一相上的，而跳闸机构是连在一体的，因此任何一相的短路和过载，都能使断路器跳闸，这是断路器的最大优点。

4）电流继电器的试验：电流继电器的空投试验是用手将电磁铁的动铁心按下，使电磁铁在压力下吸合，这相当于负载电流大于整定电流，产生的磁动势使电磁铁吸合。这时可用万用表欧姆档测试其微动开关触头的状况，常开触头闭合，常闭触头打开；当手松开时，动铁心在弹簧的作用下复位，这相当于负载电流小于整定电流，产生的磁动势克服不了弹簧的拉力，使电磁铁释放。这时用万用表测量，常开触头断开，常闭触头闭合。也可用两只万用表分别跨接在常开触头和常闭触头上，重复上述的试验，观察触头打开和闭合的情况。

电流继电器的通电试验，可按图 2-9 接线，并测试触头的动作情况。调节升流器的手柄，使继电器动作，即可测定继电器的额定电流，并说明继电器具有过电流保护的功能；同时调节动铁心的间隙，即可改变动作电流，说明电流继电器的选择性。否则，说明继电器磁路部分开路或传动部分有卡。

5）电磁式时间继电器的试验：电磁式时间继电器的空投试验同样是用手按下动铁心，使其在压力下吸合，这相当于线圈通电或者直接通以电源电压。对通电延时的时间继电器来讲，手按下动铁心时，其常开触头应延时闭合，常闭触头应延时打开；当手松开后（相当于线圈断电），常开触头应立即打开，常闭触头应立即闭合。对断电延时的时间继电器来讲，手按下动铁心时，其常开触头应立即闭合，常闭触头应立即打开，当手松开后（相当于线圈断电），常开触头应延时打开，常闭触头应延时闭合。对通电和断电都延时的时间继电器来讲，手按下动铁心时，其常开触头应延时闭合，常闭触头应延时打开，当手松开后（相当于断电），常开触头应延时打开，常闭触头应延时闭合。可根据微动开关动作的声音判断触头的动作情况，同样也可以用万用表欧姆档和电秒表来观察触头的开闭及延时情况。

空投试验正常后，即可将时间继电器的线圈接到 220V 的单相电源上，同时将两只万用表分别接在常开触头和常闭触头上，然后把闸合上，触头的开闭情况可通过指针来显示，应和空投试验相同。同时用螺钉旋具调节时间整定螺钉，应看到延时的变化，同时可测出最大延时时间和最小延时时间。否则，时间继电器不能使用。时间继电器的试验见图 2-10。

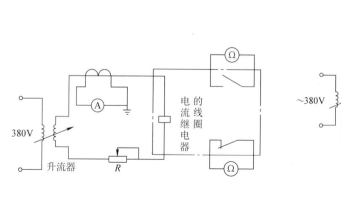

图 2-9　电流继电器的电流试验

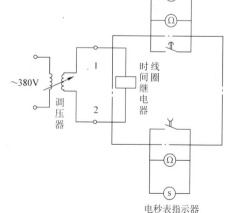

图 2-10　时间继电器的试验电路

其他型号的时间继电器试验方法基本同上，读者也可参照说明书进行试验。

6）热继电器的试验：热继电器应用升流器通以电流进行试验，接线见图2-11。

热继电器的整定电流是按热元件额定电流整定的，如订货时不特别指出，厂家出售时一般配以热继电器额定电流值的热元件，见表2-3。热继电器的整定是通过调节手轮实现的。热继电器通电后的试验，可按表2-3和表2-4中的数值进行，同时观察触头的变化情况，时间可用秒表或手表测量。热继电器过载动作后，可按动复位按钮，使其复位，否则延时自然冷却后，才能重新试验。

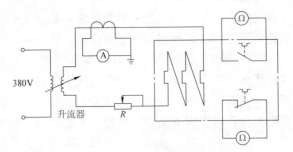

图 2-11　热继电器的电流试验

表 2-3　JR16 系列热继电器热元件额定电流及调节范围

型号	热元件编号	热元件额定电流/A	整定电流范围/A	触头最大电流/A	
				常开	常闭
	1	0.35	0.25 ~ 0.3 ~ 0.35	3	3
	2	0.5	0.32 ~ 0.4 ~ 0.5	3	3
	3	0.72	0.45 ~ 0.6 ~ 0.72	3	3
JR16-20/2	4	1.1	0.68 ~ 0.9 ~ 1.1	3	3
	5	1.6	1.0 ~ 1.3 ~ 1.6	3	3
JR16-20/3	6	2.4	1.5 ~ 2 ~ 2.4	3	3
	7	3.5	2.2 ~ 2.8 ~ 3.5	3	3
JR16-20/3D	8	5.0	3.2 ~ 4 ~ 5	3	3
	9	7.2	4.5 ~ 6 ~ 7.2	3	3
	10	11	6.8 ~ 9 ~ 11	3	3
	11	16	10 ~ 13 ~ 16	3	3
	12	22	14 ~ 18 ~ 22	3	3
JR16-60/2	13	22	14 ~ 18 ~ 22	3	3
JR16-60/3	14	32	20 ~ 26 ~ 32	3	3
JR16-60/3D	15	45	28 ~ 36 ~ 45	3	3
JR16-150/2	16	63	40 ~ 50 ~ 63	3	3
JR16-150/3	17	85	53 ~ 70 ~ 85	3	3
JR16-150/3D	18	120	75 ~ 100 ~ 120	3	3
	19	160	100 ~ 130 ~ 160	3	3

表 2-4　JR16 系列热继电器保护特性（20℃ ±5℃）

项　目	刻度电流倍数	动作时间（三相同时过载）	起始状态[①]
1	1	长期不动作	
2	1.2	小于 20min	热态开始
3	1.5	小于 2min	热态开始
4	6	大于 5s	冷态开始

① 从热态开始是指以刻度电流加热，使热继电器发热到稳定状态（即在 30min 内温升的变化不超过 1℃）开始。

7）其他元件的试验：

① 刀开关、转换开关、熔断器、主令电器应用上述方法进行绝缘电阻、接触电阻及动作情况的试验。

② 控制器、起动器除用上述方法对单体元件试验外，还应进行动作程序的试验。动作程序的试验必须在上述试验合格后进行。动作程序试验就是将控制器、起动器接上规定的电源，不接任何负载，按动起动、停止按钮，检查其动作情况是否正确，是否与电动起动程序相符。

③ 按钮可接在万用表欧姆档的回路里试验，见图 2-12。按动按钮，观察指针的变化；按动后应稳定一小段时间，再松手，其指针不能晃动。也可通以 5A 的电流进行电流试验。

④ 指示灯应加以额定电压试亮。

⑤ 接线端子板应用万用表欧姆档测试，其中螺钉不得有脱扣现象，也可做 5A 电流试验。必要时应用绝缘电阻表摇测相邻端子的绝缘电阻，一般应 ≥2MΩ。

⑥ 频敏变阻器试验时，应先将星点打开，按图 2-13 接好线进行试验。将升流器电源合上，即将电流快速升至 4 倍电动机转子额定电流，然后再缓慢将电流降回到转子额定电流，电流降的时间为 20~25s，试验次数为 3 次，间隔不超过 5s。试验完后，变阻器表面温度不应超过 65℃，不得有焦煳气味，试验时不得有明显的振动和声响，否则不能使用。

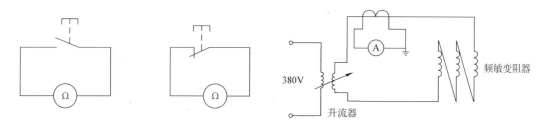

图 2-12　按钮的试验　　　　　　　图 2-13　频敏电阻器的试验

（3）其他项目的试验

1）电压线圈动作值的校验。

① 热态的吸合电压应不超过 85% 额定电压，冷态释放电压应大于 5% 额定电压。接线见图 2-14。断路器的电压吸合线圈可参照图 2-14 试验。

测定吸合电压时，先将调压器调至 1.05 倍线圈额定电压，再接通线圈，使线圈发热到稳态，然后断开，重新将调压器调到额定电压，按动按钮，使其吸合，再按动停止按钮，使其释放，重复 20 次，都能可靠吸合，即为合格。

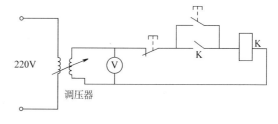

图 2-14　接触器电压线圈的电压试验

测定释放电压时，可将电压调至 1.05 倍额定电压，然后缓慢连续调低，并注意电压表的读数，取动铁心开始释放的电压表读数为释放电压。

② 短时工作的合闸线圈应在 85%~110% 额定值电压范围内可靠工作，分励线圈应在 75%~110% 额定电压范围内可靠工作。

电磁铁也可用这个方法校验。

2）用电动机或液压、气压传动方式操作的电器，除产品的规定外，当电压、液压、气压在85%～110%额定值范围内，电器应可靠工作。

3）各类过电流脱扣器、失电压脱扣器、分励脱扣器和延时装置等，应按设计要求进行整定，其整定值的误差不得超过产品的标称误差值。

（三）绝缘导线

绝缘导线同低压电器一样，对其测试不被人们所重视，大多数低压系统的故障往往发生在导线上，特别是建筑物内敷设在管内的导线，由于绝缘不好、先天截面积减小、散热不良等原因，易造成短路、着火等事故。

因此，无论新旧导线在敷设前均必须对其进行测试。这方面标准规范上无特殊的规定，根据经验，绝缘导线应做绝缘电阻测试和截面积测量的工作。

1）低压用的绝缘导线应用500V绝缘电阻测试仪测量线芯对外层绝缘的绝缘电阻，新导线应大于5MΩ，旧导线或潮湿环境中应大于1Ω。

2）用卡尺测量导线的直径，应符合标注的线径（截面积）的要求。

第三章　照明电路及单相电气装置安装常用技术方法

照明电路及单相电气装置安装过程中，包括维修安装中要用到电气安装技术中的很多方法，也是照明电路及单相电气装置安装中的重点，这里将其一一列出，供读者在工程实践中参考，主要有：

1）管路敷设方法。

2）照明灯具灯盒预埋方法。

3）管内穿线方法。

4）电气柜、箱安装方法。

5）电能表的使用方法。

由以上可以看出，照明电路及单相电气装置并非简单易做，也不是人人都能做到的，为了保证工程质量及运行安全，安装人员应该掌握这些技术方法。

一、管路敷设方法

管路敷设是电气安装工程施工的第一步，应该在土建工程的土方工程结束后，砌筑基础工程刚开始时，电气安装人员即应进入施工现场，配合土建进行管路敷设。在配合土建施工时，电气安装人员必须和土建施工人员及其他专业施工人员搞好协作关系，要互相帮助，互相理解、配合默契。只有这样，才能给后段安装打好基础；否则，将会发生堵管、丢盒等事故，会给安装带来极大的困难。这是每一个电气安装人员应该引起高度重视的。

管路敷设应充分掌握土建的结构和房间的布置以及装饰的要求，特别是要掌握楼板厚、墙厚、标高、梁和柱的截面积、抹灰厚度等土建的基本数据，要做到心中有数，这对配合土建施工是有极大意义的。配合土建施工要随时掌握土建工程的进度，否则会遗漏预埋的项目。管路敷设在照明工程、动土工程、变配电工程、电缆工程等工程中都要用到，是电工的基本技能。

1. 准备工作及注意事项

1）开工前应对预埋的金属管路进行调查、除锈、吹除，然后内外刷防锈漆一道、风干，送往现场。如采用电线管可不必刷漆，因为电线管出厂时已内外刷漆。

2）送往现场的管材、盒、箱等材料，应进行外观的质量检查，不得有裂纹、破口、开焊及明显的机械损伤。敷设的管路其规格型号应符合设计要求。

3）配合土建施工的主要机具有电焊机、气焊工具及氧气、乙炔气、煨弯器和煨弯机、烘炉及吹风机、切管机、压力案子等，应随材料运到现场，装车前应检查是否能用。

4）配合土建施工使用的主要图样，如设备平面布置图、动力平面图、照明平面图、配电系统图、电缆清册、弱电系统的平面图以及有关土建结构、建筑的图样，应带到现场。

5）预埋好的管路其管口应包扎严实，以免异物落入；进入箱、盒的管口应清除毛刺，敞口水平放置的管口，应做成喇叭口，并焊好接地螺钉；应随时摆正已下好的竖管及盒，不得由土建工人或他人移位。

管路的材料及敷设方法很多，从材料上可分为电线管（薄壁钢管）、钢管（厚壁钢管）、防爆钢管、硬塑管、半硬塑管（阻燃硫化管）、金属软管等。从敷设方法上可按土建的结构（砖结构、混凝土结构、钢结构等）分明设、暗设等。这里需要说明的是，本书以暗设为主，明设为辅，一般建筑和工业建筑采用钢管，高层建筑采用电线管，其他方法由于篇幅的关系，不再讲述，读者可参照讲述的方法进行安装预埋。

2. 具体要求

1）金属管路必须可靠接地（PE）或接零（PEN），镀锌钢管不得熔焊跨接标地线，应用专用接地卡且连线为截面积不小于 $4mm^2$ 的铜芯软导线。非镀锌管螺纹连接处应焊接跨接线。

2）金属管严禁对口熔焊连接，镀锌管和壁厚小于或等于 2mm 的钢管不得套管熔焊连接。

3）敷设在多尘或潮湿场所的电线保护管，其管口及其连接处均应密封良好。

4）电线保护管不宜穿过设备、建筑物及构筑物的基础。如必须穿过时，应有保护措施；暗配电线保护管时宜沿最近的线路敷设，并应尽量减少弯曲。埋入建筑物、构筑物内的电线保护管，与其表面的距离不应小于 15mm 且用强度等级不小于 M10 的水泥砂浆抹面保护、保护层厚度应大于 15mm。进入落地式柜、箱的电线保护管，应排列整齐，管口一般宜高出柜箱基础面 50~80mm。

5）电线保护管的弯曲处，不应有折皱、凹陷和裂缝，其弯扁程度不应大于管外径的10%；电线保护管的弯曲半径应符合以下规定：

①　管路明设时，弯曲半径不宜小于管外径的 6 倍；当两个接线盒间只有一个弯曲时，其弯曲半径不宜小于管外径的 4 倍。

②　管路暗设时，弯曲半径不宜小于管外径的 6 倍；当管路埋入地下或混凝土内时，其弯曲半径不应小于管外径的 10 倍。

6）当电线保护管遇到下列情况之一时，中间应增设接线盒或拉线盒，其位置应便于穿线：

①　管路长度每超过 30m 且无弯曲。

②　管路长度每超过 20m 且有一个弯曲。

③　管路长度每超过 15m 且有两个弯曲。

④　管路长度每超过 8m 且有三个弯曲。

7）垂直敷设的电线保护管遇下列情况之一时，应增设固定导线用的拉线盒，其位置应便于拉线：

①　管内导线截面积为 $50mm^2$ 及以下且长度大于 30m。

②　管内导线截面积为 $70~95mm^2$ 且长度大于 20m。

③　管内导线截面积为 $120~240mm^2$ 且长度大于 18m。

8）明设电线保护管，水平或垂直安装的允许偏差为 1.5‰，全长偏差不应大于管内径的 1/2。

9）在 TN-S、TN-C-S 系统中，当金属电线保护管、金属盒箱、塑料电线保护管、塑料盒箱混合使用时，金属电线保护管和金属盒箱必须与保护线（PE）有可靠的电气连接。

10）潮湿场所和直埋于地下的电线保护管，应采用厚壁钢管或防液型可挠金属电线保护管。干燥场所的电线保护管宜采用薄壁钢管或可挠金属电线保护管。钢管不应有折扁和裂缝，管内应无铁屑和毛刺，切断口应平整，管口应光滑。

11）钢管的内壁、外壁均应做防腐处理。当埋设于混凝土时，可不做外壁防腐处理；直埋于土层内的钢管外壁应涂两层沥青漆；采用镀锌钢管时，锌层剥落处应涂防腐漆。设计如有特殊要求，则应按设计要求进行防腐处理。

12）钢管的连接应满足下列要求：

①　采用螺纹连接时，管端螺纹长度不应小于管接头长度的1/2；连接后，其螺纹外露宜为2~3扣、螺纹表面应光滑、无缺损。

②　采用套管连接时，套管长度一般为管外径的1.5~3倍，管与管的对口应于套管的中心。套管采用焊接连接时，焊缝应牢固严密；采用紧定螺钉连接时，螺钉应拧紧；在振动的场所，紧定螺钉应有防止松动的措施。

③　镀锌钢管和薄壁钢管应采用螺纹连接或套管紧定螺钉连接，不得采用熔焊连接。

④　钢管连接处的管内表面应平整、光滑。

13）钢管与盒箱或设备的连接应符合下列要求：

①　暗配的黑色钢管与盒箱连接可采用焊接连接，管口宜高出盒箱内壁3~5mm，且焊后应补涂防腐漆；明配钢管或暗配镀锌钢管与盒箱连接应采用锁紧螺母或护圈帽固定，用锁紧螺母固定的管端螺纹宜外露锁紧母2~3扣。

②　当钢管与设备直接连接时，应将钢管敷设到设备的接线盒内。

③　当钢管与设备间接连接时，对室内干燥场所，钢管端部宜增设电线保护软管或可挠金属电线保护管后引入设备的接线盒内，且管口应包扎紧密；对于室外或室内潮湿场所，钢管端部应增设防水弯头，导线应加套保护软管，且经弯成滴水弧状后再引入设备的接线盒。

④　与设备连接的钢管管口与地面的距离宜大于200mm。

14）钢管的接地连接应符合下列要求：

①　黑色钢管螺纹连接时，连接处的两端应焊接跨接接地线或采用专用接地线卡跨接。

②　镀锌钢管或可挠金属电线保护管的跨接地线宜采用专用接地线卡跨接，不应采用熔焊连接。

15）管路敷设时，在安装电器或元件的部位应设置接线盒，接线盒的敷设方式与管路相同，即管路暗设，则盒应暗设；管路明设，盒也应明设。同一建筑物内，同类电气元件及其接线盒的标高必须一致，误差在±1.0mm以内。

16）绝缘导管敷设应符合下列要求：

①　管口平整光滑；管与管、管与盒（箱）等器件采用插入法连接，连接处结合面抹涂专用胶合剂，接口应牢固密封。

②　埋于地下或建筑物内的刚性绝缘导管，在穿出地面或楼板处200mm内应用穿钢管保护。

③　埋设在墙内或混凝土内的绝缘导管至少应采用中型以上的导管。

17）其他未尽事宜请详见规范GB 50303—2002。

3. 电源引入管的敷设

一般电源线引入后，应直接接到墙上电源总开关的上闸口，其电源引入管应伸出地平至少100mm，见图3-1，这样电源引入管应有一个90°的直角弯。因此要求管口距离墙不应大于50mm，位置要准确。

　　4. 照明开关箱电源管的敷设

　　基础或墙砌到标高－0.3m时，从低压电源引入处到照明开关箱或维修闸箱的位置之间各预埋一根φ15mm的钢管。（通至开关箱的管应是由电缆沟垂直向上引入，图中用符号 ⌐ 表示。）途径地面部分先用土埋好，墙内敷设部分先用木杆三脚架支起，管口用塑料布或牛皮纸包扎严实，以免异物入内，发生堵塞。埋入墙或混凝土内的管子，距墙表面的净距离不得小于15mm。照明开关箱电源管的敷设见示意图3-2。其中出电缆沟长度一般为20mm，进箱一般为10mm；水平距离的长度是用钢卷尺按现场实际距离测量出来的；垂直部分的高度是按闸箱标高（1.4m或1.2m）决定的；灯叉弯的有无及角度的大小是由箱体结构和墙的厚度决定的，主要看闸箱底部敲落孔的位置及距后底的距离，箱体的结构和外形见图3-3。必须把箱体在墙上的位置确定好，才能下管。管的总长度为水平长度＋垂直高度＋进箱长度＋进电缆沟长度＋灯叉弯和直角弯的弯曲余量。进入电缆沟的管口应先做成喇叭口，然后用锉刀去除毛刺，再焊接一条φ6mm的螺钉，作为接地用。进入箱体的管口应用锉刀清除毛刺。

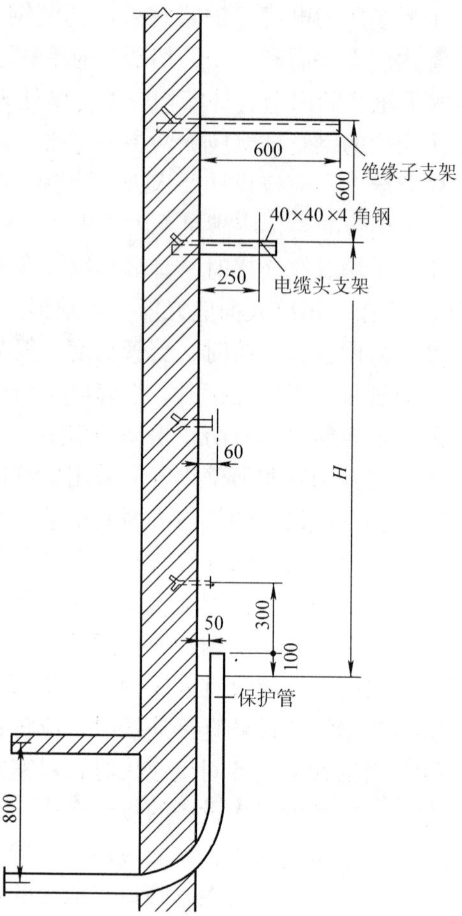

　　开关箱经地面通往室内外别处的负荷管，在下电源管的同时，也要将其预埋好，入墙部分的尺寸、角度应力求一致，和电源管并列成一排，其间距为敲落孔的孔距，不得交叉，然后在两端用φ6mm的钢筋棍电焊连接好。管煨制好的形式见图3-4，埋地、封口、三脚架支起，方法同前。

　　埋地管因为是在没有砌墙时敷设的，除了上述的要求以外，埋地部分必须先夯实，竖直部分的位置必须在墙基的中心附近，尽量避免歪斜。这里顺便提一下，如果是明装，沿墙敷设这几根出地坪的立管，必须使其尺寸、角度一致，齐刷刷地排成一排，并且和地面垂直。

图3-1　电缆引入管的敷设

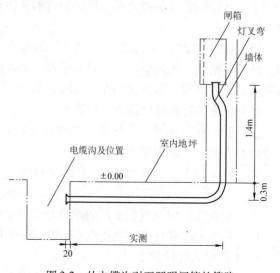

图3-2　从电缆沟引至照明闸箱的管路

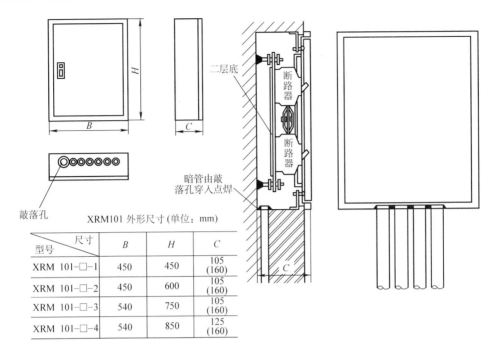

XRM101 外形尺寸 (单位：mm)

尺寸　型号	B	H	C
XRM 101-□-1	450	450	105 (160)
XRM 101-□-2	450	600	105 (160)
XRM 101-□-3	540	750	105 (160)
XRM 101-□-4	540	850	125 (160)

图 3-3　箱体结构外形及在墙中预埋外壳的位置

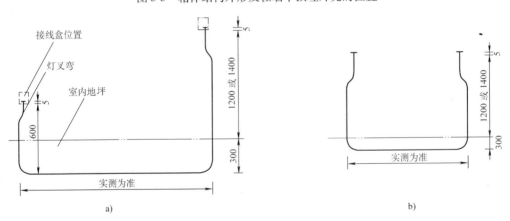

图 3-4　煨制好的管的形式示意图

a）管口标高不一致　b）管口标高一致

5. 插座盒及管路的预埋

当砖墙砌到 0.3m 时，按照明平面图中插座设置的位置，将插座盒置于墙上，同时应将盒子通往左侧、右侧及上方向管下好；通往左侧、右侧管子的下料尺寸，见图3-5b，是由相邻盒子的边距＋进盒 5mm＋灯叉弯折角的余量决定的；通往上方的管子的下料尺寸，见图3-5b，是由上方盒子和该盒的上下边距＋进盒 5mm＋灯叉弯折弯的余量决定的；盒在墙上的位置应使敞口侧凸出墙面 10mm，最大不超过 15mm，见图3-5a。具体的出墙距离应通过土建人员，或从土建图样上了解墙壁抹灰厚度，另外还和墙的不平度有关。盒应垂直放置，不得歪斜。管进盒的长度不得大于 5mm，并用电焊点焊牢固。管和盒的安装示意图见图3-5。管盒放置好后，竖管用三脚木架支持固定好，暗盒和水平管即时砌入墙内，灰浆应饱满牢固。

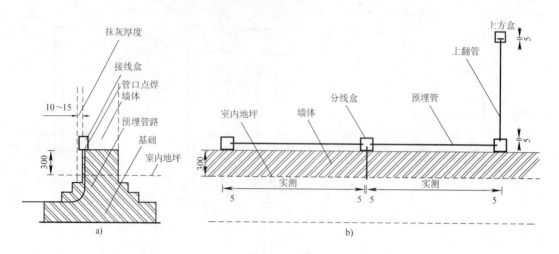

图 3-5　盒在墙中的位置及管路布置示意图

二、屋顶灯具的金工件、接线盒及管路的预埋

屋顶灯具的金工件、接线盒及管路的预埋，是根据屋顶结构的不同而分别采用不同的预埋方法，配电间的屋顶一般采用混凝土现浇板和预制混凝土板两种。

1. 屋顶为混凝土现浇板

墙砌到即将封顶标高时，即屋顶板下 −0.3m 时，在由下通至屋顶管的管口处，预埋一只分线盒，方法和要求同前。再往上砌砖时则将这个盒的上方部位留下不砌，形成一个洞。图 3-6 中共有 5 根管通至屋顶，也就是要下五个盒。

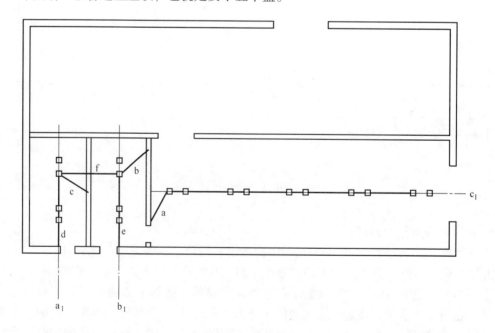

图 3-6　屋顶模板上预埋管盒布置平面图

当土建工程进行到屋顶绑扎钢筋时，将灯具的接线盒放在平面图标注的位置上（模板上），这个位置应预先按墙内壁测量好。图中标注的是荧光灯，因此每支灯应预埋两只盒，

一只盒接线、吊灯，另一只盒只起吊灯的作用。

先在土建工程支好的模板上，划出休息室、值班室和配电间的中心轴线 a_1、b_1、c_1，见图 3-6，然后在轴线上标出每只灯的两个线盒的位置，按照线盒间的距离加上灯叉弯及进盒的 5mm 将钢管锯断并煨制好，把 a_1、b_1、c_1 三条轴线上的盒连接起来，管口与盒用电焊点好。再测量竖直引上管的分线盒和接线灯盒的距离，将图中 a、b、c、d、e 五根管煨制好，一端进灯接线盒、另一端由小洞进引上管的分线盒，分别用电焊点好。最后用同样方法将 a_1b_1 轴的联结管 f 做好。

按照测量的位置，将灯的每对盒内塞满水泥袋纸或其他容易撕下废旧物，然后紧贴模板面将盒紧紧固定在模板上，盒内不得有空隙，与模板面尽量无间隙，避免水泥浆液进入盒内，具体做法见图 3-7。

这里要注意几点：

1）和钢筋工、混凝土工、瓦工、木工必须配合好，因为这时是混合交叉同时作业，管要穿入钢筋的套子里，盒又要固定在模板上，又要在墙上留洞，稍有偏差就要给安装带来不便。因此在浇注混凝土时，必须有电工在场，随时纠正由于土建施工而造成的管路、线盒的不妥之处。

2）木模板上固定盒较容易，一般是用细铁丝和钉子在木模板上固定；若为钢模板时，则是在灯盒处可采用一块木模板，或者将铁盒与钢筋电焊点焊牢固。

3）假如是灯具较重，则应在盒内预先插入一根 $\phi6 \sim \phi10mm$ 的钢筋，插入时利用敲落孔，一般出盒不超 20mm，这根钢筋的两端最后将浇铸在混凝土内，见图 3-8。

4）同一型号的灯具，其线盒间的距离应相等。

2. 屋顶为混凝土预制板

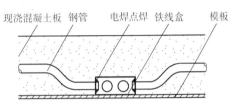

图 3-7　现浇注钢筋混凝土楼板上灯盒预埋示意图

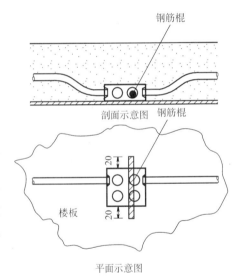

图 3-8　在盒内插入一根钢筋棍

土建工程进行到把预制板吊放在屋顶固定后，先测量灯具位置，然后在确定的位置上将预制板凿一个洞，洞的大小由进入管的数量和盒的大小而定，一般不超过 $36cm^2$，最大不超过 $50cm^2$。凿洞应使用电动凿孔机，也有用手工凿洞的。电动凿孔机使用时应注意施加压力不宜过大，应按其自然往下转动，再是要注意安全。将钢管煨好后一端进入洞内，另一端进入另一个灯具的洞内或墙上屋顶下 -0.3m 处的分线盒内，见图 3-9。管口一般应在板厚的中间和盒焊好，其他和现浇混凝土板预埋相同。土建抹灰时，一般是先把洞用砂浆填平，然后抹灰即可。土建抹地面时，凡是露出砼板的管路，不得悬空放置，

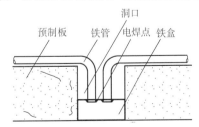

图 3-9　混凝土预制楼板上灯盒安置示意图

必须先用硬灰将管下充填严实且无上下的晃动才能抹灰，否则完工后此处会裂开。

三、管内穿线方法

1. 穿带线

根据管径、线径大小，选择合适的刚性铁丝作为带线。每根管应有两根带线，一根为主带线，长度应大于整个管路的全长；另一根为辅助带线，长度大于1/2管路全长。把主带线的一端煨成半圆环状小钩，直径视带线粗细而定，一般为10～20mm；辅助带线也煨同样一个小钩，并将其折90°，钩端为顺时针方向，见图3-10。先将主带线从管的一端穿入，穿入的长度至少为1/2管路全长，穿时应握着管口部分导线的100mm左右往里送，特别是越穿越困难的时候。当穿不动时，可将带线稍拉出一些再往里送，直到实在送不动为止，一般情况下能穿入1/2管路全长。如果穿不到1/2管路全长，则将主带线全部拉出，从管的另一端穿入，直到大于1/2管路全长。然后将辅助带线从另一端管口送入，直到大于1/2管路全长为止，这时将辅助带线留在管口外的部分按顺时针转动，使其在管内部分也顺时针转动，当转动到手感觉吃力时，即可轻轻向外拉辅助带线，如果这时主带线也慢慢移动，则说明两个小钩已经挂在一起，即可将主带线从管口另一端拉出；如果这时主带线不动，则说明两个小钩没有钩在一起，应重新穿入辅助带线，直至两个小钩挂在一起，拉出主带线为止。一般情况下，按上述方法可顺利穿入主带线，主要是耐心和带线的刚性。

还有一种机械穿线法，就是用穿线枪，使用方法极为简单。先把柔性活塞装入枪膛，系好尼龙绳和活塞，并对着管口，管的另端用管堵堵好，将空压机贮气罐和枪腔进气口用高压输气管接好，检查无误后，开动气泵，达到压力后扣动穿线枪的扳机，即可将尼龙绳穿入管内。细导线可用尼龙绳直接牵引穿入，粗导线可用其将带线引入。柔性活塞可

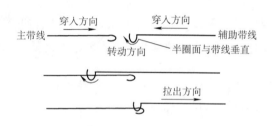

图3-10　带线的穿入方法

按管径选择，共有七个规格，管堵头有三个规格。使用穿线枪时要注意安全，枪体要由专人保管。

整盘导线的撒开最好使用放线架，放线架也可自制，见图3-11，如果没有放线架应顺缠绕的反方向转动线盘，另一人拉着首端撒开，见图3-12，切不可用手一圈一圈地撒开，严禁导线打扭或成麻花状，撒开时要检查导线的质量。

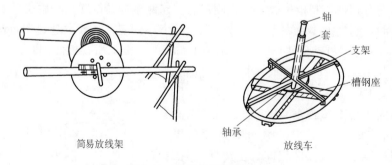

简易放线架　　　　　　放线车

图3-11　简易放线架示意图

撒开后的导线必须伸直，否则妨碍穿线。伸直的方法很多，通常是两人分别将导线的两

端拽住在干净平整的地面上，一起将导线撑起再向地面摔打，边摔边撑，使其伸直。细导线可三根或几根一块伸直，粗导线则应一根一根分别伸直。也可将一端固定在一物体上，一人从另一端用上法伸直。

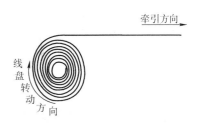

图 3-12　线盘撒开方向

准备好滑石粉和穿带线用的不同规格的铁丝。带线一般用 $\phi2 \sim \phi3\text{mm}$ 的刚性铁丝，粗导线、距离长时，则用 $8^{\#}$ 或 $10^{\#}$ 镀锌铁丝。

穿线前，必须将管子需要动火的修复焊接工作做完，穿线后严禁在管子上焊接烘烤，否则要损坏导线的绝缘。所用的导线、线鼻子、绝缘材料、辅助材料必须是合格品，导线要有生产厂家的合格证。

2. 穿线

1）将伸直的导线一端的绝缘层剥掉，剥掉长度粗导线约为 300mm，细导线约为 100mm，中截面积导线约为 200mm；剥掉方法是用电工刀在预定长度处划一个圆周，再把其他部分削掉，但不得伤及线芯，剥掉后的样式见图 3-13。

2）把剥掉绝缘的三根或几根要穿同一管的导线对齐，细导线（独股导线）可将端部线芯煨回，直接用带线绑扎，如图 3-14a 所示；粗导线（一般是多股导线）可将每根线芯的少部分煨回，其余剪断直接用带线或用绑线绑扎，见图3-14b。绑扎时要紧密有力，但要求体积小易穿过，宜为圆锥形，其最大部分的直径不得超过管径的 2/3，否则将给穿线带来很大困难。

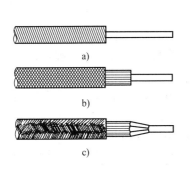

图 3-13　导线的剥切方式

a）单层剥法　b）分段剥法　c）斜剥法

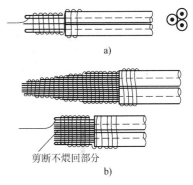

图 3-14　导线的绑扎方法

a）细导线绑扎法　b）粗导线绑扎法

3）在绑扎好的端头部分涂些滑石粉，粗导线或根数多时还应在导线上或管口内涂些滑石粉，然后一人在管的一端拉带线，另一人在管的另一端轻轻地将绑扎好的端头送入管口，两人的位置要便于操作，同时应喊号力争步调一致，一送一拉即可顺利地将导线穿过。送线的人要保证三根或几根导线同时穿入时不扭不折，拉线的人用力要均匀，不得过猛。遇到阻力拉不动时，应将穿入的导线退回几十厘米，再配合一拉一送，直至将导线拉出管口。必要时可由第三人帮助将送入的导线理顺，使其不扭不折，粗导线穿线时也可由另一人帮助拉线。当双方都感到十分费力时，不得强行拉送，以免带线拉断，这时应将导线缓慢倒出来，检查导线和端头部分将阻卡或较粗的部分修复，必要时应重新绑扎，然后再送入管内，直至穿过。仔细观察拉出端导线有无损伤绝缘、伤及导线，有无泥水污物。严重时应将导线抽出，彻底吹除或用金属刷子扫管，排除故障后重新穿线。

4）将绑扎的端头拆开，两端按接线长度加预留长度与设备接线盒比好，将多余部分的线剪掉（穿线时一般情况下是先穿线，后剪断，这样可节约导线）。然后用绝缘电阻表测量导线的线与线之间和导线与管（地）之间的绝缘电阻，应大于1MΩ，低于0.5MΩ时应查出原因，重新穿线。

5）管内穿线的技术要求：

①　穿入管内绝缘导线的额定电压不应低于500V；管内导线不得有接头和扭结，不得有因导线绝缘不好而增加的绝缘层。

②　不同回路、不同电压、交流与直流的导线，不得穿入同一根管子内。但以下几种情况例外：

a）电压为50V及以下的回路；

b）同一台设备的电动机回路和无抗干扰要求的控制回路；

c）同一交流回路的导线必须穿于同一钢管内；

d）照明华灯的所有回路、同类照明的几个回路可穿入同一根管内，但管内导线总数不应多于8根。

③　管内导线的总面积（包括外护层）不应超过管子内截面面积的40%。

④　穿于垂直管路中的导线每超过下列长度时，应在管口处或接线盒中将导线固定，以防下坠：

a）导线截面积50mm² 及以下为30m；

b）导线截面积70～95mm² 为20m；

c）导线截面积120～240mm² 为18m。

⑤　导线穿入钢管后，在导线的出口处，应装护线套保护导线；在不进入箱、盒内的垂直管口，穿入导线后，应将管口做密封处理。

⑥　管内穿线导线线芯允许最小截面积应符合 GB 50054—2011 规定（见表3-1）。

表 3-1　固定敷设的导体最小截面积

敷设方式	绝缘子支持点间距 /m	导体最小截面积/mm²	
		铜导体	铝导体
裸导体敷设在绝缘子上	—	10	16
绝缘导体敷设在绝缘子上	≤2	1.5	10
	>2，且≤6	2.5	10
	>6，且≤16	4	10
	>16，且≤25	6	10
绝缘导体穿导管敷设或在槽盒中敷设	—	1.5	10

3. 管口处理

1）用黄绿红三种塑料带或塑料管将管口的导线包扎或套入，以区别导线用途，包扎时要紧密整洁，包扎和套入的深度要进入管口 150mm 左右。因此通常是将导线先拉出 150mm，包扎或套入后再拉进去，主要是加强管口部分的绝缘。端头应预留 50mm，以便和设备连接。包扎的方法是每一圈要压住前一圈宽度的一半，最后收尾时应用同色塑料胶布包好，也可用热粘法粘住，即可用烧红的锯条将尾端烫熔，然后用力压住即可粘接得很好。使用塑料线时可不包扎，直接按 2）进行。

2）在套有螺纹的管口，先将防水弯头底座穿入导线，在管口拧紧，方向应朝向电动机或设备，再把护线塞套入导线，推在管口的底座处，最后把盖装上，用螺钉固定好，见图 3-15a。

在喇叭口的管口，先用棉丝或牛皮纸将管口堵死，将包好绝缘带的导线一并放在管口的正中，然后用塑料带从管口下部 2cm 处

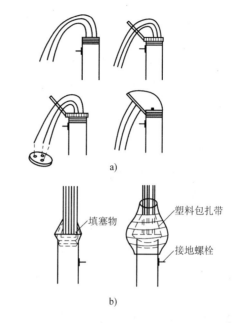

图 3-15　防水弯头的安装及喇叭口的包扎方法
a）防水弯头安装示意图　b）喇叭口的包扎方法

开始向上缠绕包扎，使管口形成一个蒜疙瘩形状，一般应至少从下至上、从上至下包扎四次，包扎必须严密，防止水滴滴入，见图 3-15b。照明线路一般直接进入接线盒，不必处理，凡不直接进入接线盒的管口应按 1）和 2）进行处理。

四、低压电气柜、箱的安装方法

1. 成套配电柜、控制柜（屏、台）和动力、照明配电箱（盘）的测试检查

1）柜、屏、台、箱、盘的金属框架及基础型钢必须接地（PE）或接零（PEN）可靠；装有电器的可开启门，门和框架的接地端子间应用裸编织铜线连接，且有标志。

2）低压成套配电柜、控制柜（屏、台）和动力、照明配电箱（盘）应有可靠的电击保护。柜（屏、台、箱、盘）内保护导体应有裸露的连接外部保护导体的端子，当设计无要求时，柜（屏、台、箱、盘）内保护导体最小截面积 S_p 不应小于表 3-2 的规定。

表 3-2　保护导体的截面积

相线的截面积 S/mm^2	相应保护导体的最小截面积 S_p/mm^2
$S \leqslant 16$	S
$16 < S \leqslant 35$	16
$35 < S \leqslant 400$	$S/2$
$400 < S \leqslant 800$	200
$S > 800$	$S/4$

注：S 指柜（屏、台、箱、盘）电源进线相线截面积，且两者（S、S_p）材质相同。

3）手车、抽出式成套配电柜推拉应灵活、无卡阻碰撞现象。动触头与静触头的中心线

应一致，且触头接触紧密，投入时，接地触头先于主触头接触；退出时，接地触头后于主触头脱开。

4）低压成套配电柜交接试验，必须符合规范的规定。

5）柜、屏、台、箱、盘间线路的线间和线对地间绝缘电阻值，馈电线路必须大于0.5MΩ；二次回路必须大于1MΩ。

6）柜、屏、台、箱、盘间二次回路交流工频耐压试验，当绝缘电阻值大于10MΩ时，用2500V绝缘电阻表摇测1min，应无闪络击穿现象；当绝缘电阻值在1~10MΩ时，做1000V交流工频耐压试验，时间为1min，应无闪络击穿现象。

7）直流屏试验，应将屏内电子器件从线路上退出，检测主电路线间和线对地间绝缘电阻值应大于0.5MΩ，直流屏所附蓄电池组的充、放电应符合产品技术文件要求；整流器的控制调整和输出特性试验应符合产品技术文件要求。

8）照明配电箱（盘）安装应符合下列规定：

① 箱（盘）内配线整齐，无绞接现象。导线连接紧密，不伤芯线、不断股。垫圈下螺钉两侧压的导线截面积相同，同一端子上导线连接不多于2根，防松垫圈等零件齐全。

② 箱（盘）内开关动作灵活可靠，带有漏电保护的回路，漏电保护装置动作电流不大于30mA，动作时间不大于0.1s。

③ 照明箱（盘）内，分别设置零线（N）和保护地线（PE）汇流排，零线和保护地线经汇流排配出。

9）电气设备、元件制造厂的技术文件应齐全，所有的设备、元件应有产品合格证，关键或贵重部件应有产品制造许可证的复印件，其证号应清晰。

10）型号、规格应符合设计要求，附件备件齐全，元件无损坏，外观无机械损伤，几何尺寸应符合设计要求。特别指出的是柜体的几何尺寸要一一实测，实测的项目主要是柜体的对角线和垂直度及柜顶的水平度，其误差应不大于1.5‰，凡现场不能矫正的要通知供货单位或制造厂家修复。

测量柜中带电部件之间、带电部件与地之间的电气间隙和爬电距离，其值应符合表3-3中的规定。

表3-3　导电部件间的电气间隙和爬电距离

额定绝缘电压/V	电气间隙/mm	爬电距离/mm
≤300	6	10
>300~660	8	14
>600~800	10	20
>800~1500	14	28

11）开关设备、继电器应测试绝缘电阻并进行分合试验、同步试验和通电试验；开关设备要进行传动试验；同时要核对其规格（频率、电流、电压）；仪表、互感器应有检定证书，并测其绝缘电阻，核实电压/电流比。

电气设备、元件的外壳无凹凸，漆层完整无脱落，手柄无扭斜变形，其内部的仪表、灭弧罩、瓷件等应无裂纹、伤痕，螺钉紧固无锈蚀，接地螺栓完整，紧固螺栓的平垫、弹垫齐全。不妥之处应一一修复，必要时应通知生产厂家和供货单位。

12）对于新产品或不太熟悉的电气产品必须详细阅读说明书，只有充分了解其电气性能和机械传动性能后才能进行试验和安装。

2. 基础型钢的制作安装

基础型钢一般是现场制作，也有预制的，但为了保证安装的准确性采用现场制作的居多。一是要根据电缆沟沟沿上预埋的地脚螺栓的间隔距离开孔；二是要实测柜体底座的几何尺寸、地脚螺栓的尺寸以及柜的台数。型钢一般选用 10 号槽钢（高 100mm），也有选用 20 号或 30 号槽钢（高 200mm 或 300mm）的，主要是用在多层或高层建筑之中的设备层或无法设置电缆沟的场所，一方面支撑柜体，另一方面增高柜体在地面上的高度，其槽钢底座又可作为电缆或导线敷设的通道。

（1）槽钢的选料

基础槽钢应选用水平度较高的优质型钢，一般不做调直处理。

（2）槽钢的下料及焊接

基础型钢要做成矩形，宽为柜体的厚，长为 n 个柜体的宽的总和再加上 $(n-1)×(1～2)$ mm，其中 $(1～2$ mm$)$ 为柜体间隙，是根据柜体的制造质量和安装技术的熟练程度决定的。柜体质量高且技术高super则选 1mm，否则选 2mm。

下料后将端部锯成 45°，在平台上或较平的厚钢板上对接，先点焊好，测量其角度、水平度后即可焊接。不直度 0.5mm/m，水平度 1mm/m，全长误差控制在 2‰ 之内，否则不能保证柜体的安装质量。总长一般每超过 3m，即可在中间加焊一根加强连接梁，见图 3-16。对接时要腿朝里，腰朝外，要选择较平的一腿面为上面，另一腿为下面。允许偏差见表 3-4。

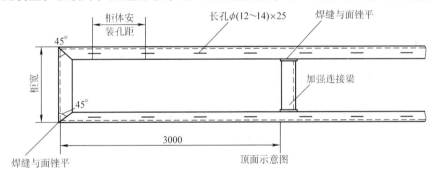

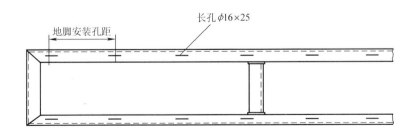

图 3-16　基础型钢制作示意图（底面示意图）

（3）测量开孔位置和尺寸

一是要测量配合土建时预埋的基础槽钢的地脚螺栓的纵横间距和直径，并在槽钢的下腿面上划好地脚的开孔位置；二是要测量柜体地脚螺栓的纵横间距（安装尺寸），并在槽钢的上腿面上划好开孔的位置。这里要注意几个问题：

表 3-4　基础型钢制作的允许偏差

项次	项　目	允许偏差/mm	
1	不直度	每米	<0.5
		全长	<3
2	水平度	每米	<0.5
		全长	<3
3	位置误差及不平行度		<3

1）要索取配合土建时的图样资料，进行核对；对碰歪碰坏的地脚要进行修整，必要时要重新埋注。碰歪的可拧上两个螺母，然后用钢管套住扳正；碰坏丝扣的应用相应的板牙重套一次，否则要重新埋注。

埋注时应先将坏螺栓从根部用气焊割断，然后在旁边用冲击钻钻孔，孔径一般为埋注螺栓的 3 倍，把孔内的灰渣掏尽，用清水洗净，再把螺栓尾部割成鱼尾状，放入孔内，用颗粒状的 500# 水泥砂浆灌注并捣固严实即可。外留尺寸一般为 50mm。

2）槽钢两腿的开孔位置应从同一端开始划线定位；上腿的开孔位置还要注意柜间的 1 ~2mm 的余量和柜的编号顺序，最好以实物（柜的本体）测量。

3）孔一般为长孔，$\phi(12 \sim 14) \times 25mm$，其长向的中心轴线应位于腿宽长向中心轴线上；上腿面的开孔要保证柜体的前面（垂线）和槽钢腰面（垂线）一致，误差为 ±0.5mm。

（4）开孔工具

开孔应用电钻钻孔，然后用锉刀锉成长孔。一般不得用气割开孔。

3. 绝缘电阻的测试

用 500V 绝缘电阻表测量各控制开关元件导电部分，如开关上下触头的相与相之间、开关断开时本相上下触头之间、相与地之间的绝缘电阻应不小于 10MΩ，通电线圈的端子与地之间的绝缘电阻应不小于 2MΩ；互感器应测量一次与二次间的绝缘电阻，电能表应测量电压线圈与电流线圈及不同相之间的绝缘电阻。

测量系统的绝缘电阻，48V 及以下的非电子线路，可用不超过 500V 的绝缘电阻表测量；24V 及以下的电子元件及印制电路，一般用万用表测量，此时对不能承受万用表电压的器件（如场效应晶体管等）应予以短路；对于不能承受绝缘电阻表等电压的器件（如电子插件等），测试前应拔出并将整流元件的阳、阴极与门极短接在一起；对于交流 500V 以下和直流 60V 以上的回路，可用 500V 绝缘电阻表进行测量。

变配电室内二次回路的绝缘电阻，每一支路与断路器、隔离开关、操作机构的电源回路均应不小于 1MΩ；小母线在断开其他并联支路时，应不小于 10MΩ。

车间电气传动控制系统的绝缘电阻，48V 及以下的回路，一般应不小于 0.5MΩ；交流 500V 以下及直流 60V 以上的回路，一般应不小于 1MΩ。

二次回路一般不做交流耐压试验，但发电厂、高压变配电站的二次回路、应用 1000V 做 1min 耐压试验，如二次回路的绝缘电阻大于 10MΩ，则可用 2500V 绝缘电阻表摇测 1min，无击穿现象即可。

绝缘电阻合格及空投试验调整合格后的柜或箱才能进行下一步的测试。

4. 开关柜（箱）的调整

低压开关柜无论结构如何、回路多少、容量大小，主回路都如图 3-17 所示，其主要元件有隔离开关、断路器（有时为熔断器和接触器或熔断器和转换开关）、表计和电流互感器，其主要不同是元件的规格型号不同。开关柜的调试包括元件本身的测试及系统动作电流的调整。

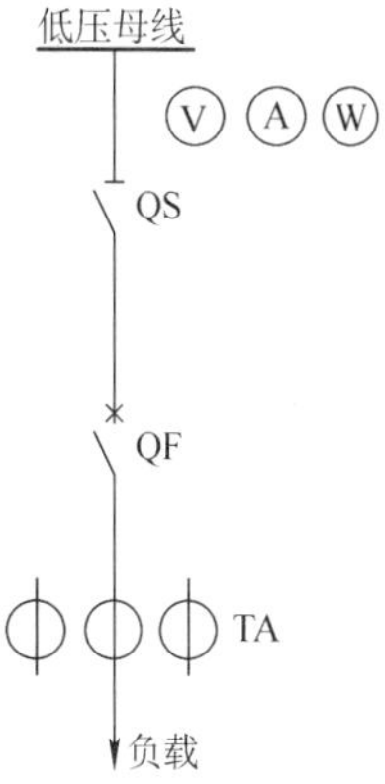

开关元件本身的测试主要包括通电部位的绝缘电阻、触头的接触电阻、三相同步性及辅助触头的关断性、线圈的直流电阻和吸合分离电压的测试以及电流试验。测量元件主要包括变比的测试、示值的测试以及相关部位的绝缘电阻、直流电阻的测试。

（1）隔离开关的测试

隔离开关要作额定电流和回路中最大起动电流的试验。额定电流的试验一般取额定电流的 1.15 倍，试验时间一般为 10min，其被试触头的温度应不大于室温；最大起动电流的试验一般取回路中最大起动电流再加上额定电流，最大起动电流是指回路中三台最大起动电流的电动机同时起动的起动电流之和，这里要注意这三台电动机不一定是回路中功率最大的电动机，这是由电动机的起动方式决定的。这个电流是正常工作条件下，最大的瞬间工作电流，其值可由设计给定或自行计算。试验时间一般为 1min，其被试触头的温度应不大于室温 5℃。温度可用试温蜡片或点式温度计测量，用点式温度计时应事先将其测温探头与被试触头紧密接触部分用金属箔包扎起来，并用油灰或其他类似材料紧密地贴在上面。

试验电路的连接见图 3-18。

试验是一并连续进行的，当电流升至额定电流的 1.15 倍 10min 后即可读取温度或用蜡片试验，不必停电，然后再将电流升至最大电流，1min 后即可读取温度或用蜡片试验同时可将电流缓慢下调到零，才能断开升流器的电源。

因为试验设备的能力限制，一般安装单位不作电动稳定性及热稳定性的试验，其电流值见表 3-5。这些能力的保证是由生产厂家的信誉、资质、生产许可证及技术、装备保证的。

图 3-17 开关柜主回路电路

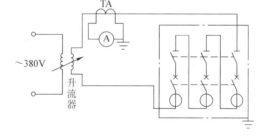
图 3-18 开关柜的电流试验接线图

表 3-5 各系列刀开关电动稳定性及热稳定性电流值

额定电流 /A	动稳定性电流峰值/kA		1s 热稳定性电流 /kA
	中间手柄式	杠杆操作式	
100	15	20	6
200	20	30	10
400	30	40	20
600	40	50	25
1000	50	60	30
1500	—	80	40

（2）自动断路器的测试及调整

自动断路器是一种具有短路、过载及失电压保护（有的断路器不能保护失电压）的开关元件，短路时应瞬时跳闸，过载时应延时跳闸，失电压时能瞬时跳闸。其中短路及过载应进行动作电流值的整定。断路器的额定电流及最大起动电流的试验同隔离开关，一般柜中的隔离开关和断路器的额定电流相同，便可一次进行试验。

1）短路试验及调整。短路的调整就是改变过电流线圈（电磁脱扣器）动铁心的间隙，一般已由厂家调好，整定在 10 倍额定电流上，可按图 3-18 进行模拟试验即可，可按相与相短路、相与地短路分别一一进行。相与相之间可用导线连接，相与地之间可用导线与柜体接地螺钉连接，这里要注意，柜体的接地母线应与接地引线连接好，接地电阻应小于 4Ω。其中，连接导线的选取必须使用与主回路导线相同截面积的同质导线，连接导线应压接线鼻子，连接部位必须紧密。一般应备有大、中、小号铜质软短路线，调试中经常用到。升流器的电流一般调至约 10 倍断路器的额定电流即可。从理论上讲，短路电流是无穷大的，一般由设计给出断路点的短路电流值 $I^{(3)}$。但是由于设备能力的关系，一般不选取太大的电流，较小的电流短路时动作，那么较大的电流一定能动作。相与相之间的短路试验应选用三相升流器。通常是先将升流器输出端短路后升至选取的 10 倍断路器额定电流值，然后将电源关掉，调节手柄或按钮的位置不变，再将线路接好。检查无误后先合上断路器，再合升流器的电源开关，这样合闸的瞬间即可发生选取电流的短路，断路器应立即掉闸，掉闸后再度合闸，则合不上。这说明断路器的短路瞬时脱扣器系统工作正常，是能够保护短路的。

2）过载瞬时动作电流的整定。断路器的短路试验合格后，便可根据所控回路的工作电流进行过载瞬时动作电流的整定。过载瞬时动作应躲过回路中最大的瞬间工作电流，这个电流我们通常选取额定电流加上系统中三台最大起动电流的电动机同时起动的起动电流之和，如果系统中，由于联锁没有三台同时起动的可能性，则应选两台同时起动电流之和，最小值不得小于额定电流加上一台最大起动电流电动机的起动电流。过载瞬时动作电流也可由设计给出。

过载瞬时动作电流确定之后，我们选取其值的 2～3 倍作为断路器的整定值。整定时的接线图见图 3-19，一般采用分相整定。

先将过电流线圈动铁心的间隙调至最大，也就是短路跳闸的位置，并把断路器合闸；然后接通升流器，并调节电流升至整定值，这时往小调节过电流线圈动铁心的间隙，一般是手柄或螺钉调节，一直调到断路器脱扣器动作跳闸为止，这个点即为过载脱扣掉闸点，用红漆做好标记并将手柄或螺钉紧固在这个点上；用相同的方法再调节第二相、第三相。这里要注意，不要为了省事，

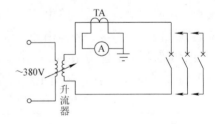

图 3-19　分相整定接线图

不升流调节，只在第二、三相上按第一相的标记位置做同样的标记。因为每相过电流线圈的磁动势不可能制造得完全一样。

调整好后，再重复一次上述的试验，当电流升到整定值时，断路器应立即跳闸，最后用红漆将调节手柄或螺钉封好。因为这个电流值小于短路电流，因此在这个点上即可短路跳闸，又可过载瞬时跳闸。

3）过载延时动作电流的整定。大多数断路器都采用双金属片式热元件作为过载延时跳闸的元件，它的脱扣机构是和瞬时过载跳闸用同一套脱扣机构，只是跳闸触动的点不同。过载延时的调节就是调节金属片与脱扣器触动点的距离，距离越小，延时越短，距离越长，延时越长，这个距离的大小应和回路中允许的最大工作电流的持续时间对应。这个动作电流的选取和过载瞬时动作电流的选取规则一样，但取其值的 1.05～1.10 倍（最大不超过 1.5 倍）作为断路器过载延时动作电流的整定值。接线图同图 3-19，也应分相整定。

用钳形电流表和秒表先测试回路中三台、两台或一台起动电流最大电动机的起动电流和起动时间，然后将其起动电流按联锁情况及其他电动机同时起动，起动电流相加即为短时过载的允许电流，我们取这个值的 1.10 倍作为整定值，将其中一台起动时间最长的起动时间的 1.2 倍作为短时过载的允许时间。

然后线路接好整定断路器，先将金属片与脱扣器触动点的距离调小，一般是调节螺钉的锁母，然后将电流升至短时过电流整定值，并把断路器合上，合上断路器的同时即开始用秒表计时。如果在小于允许时间内断路器跳闸，则应将这个距离再往大调一点；如果在允许时间到时正好跳闸，则说明这个距离正是调整值，用漆封死即可；如果允许时间已到时仍不跳闸则应将这个距离再往小调一点。调节时应先将断路器拉闸，调节要仔细耐心，调节后不要立即合闸试验，须等双金属片热元件复位且达到常温时再合闸试验，直至允许时间到时正好跳闸。这样断路器就能延时保护过载，并躲开了电动机的起动电流，只要超过电流与时间的整定值即立刻跳闸，有一参数达不到时即不跳闸。

4）失电压脱扣器的调整。大多数断路器都具有失电压或欠电压保护，它是用一只电压线圈作为合闸后的保持线圈而进行保护的。此外，分离脱扣器线圈、电磁铁操作机构线圈等都对动作电压有一定的要求，都应进行动作电压的试验，接线方法见图 3-20。一般是先将电压调至额定电压的 105% 使线圈吸合，并缓慢下调直至线圈释放，并记录最低释放电压；然后从释放电压合闸试验，如不

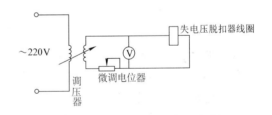

图 3-20　电压线圈的试验接线

能合闸则缓慢升压，直至线圈能可靠吸合并合闸，再将最低吸合电压记录下来。常用断路器线圈可靠动作电压见表 3-6 和表 3-7。

表 3-6　DW10 断路器线圈可靠动作电压值

名称		额定电压 U_N/V	可靠动作电压	消耗功率	
				交流/VA	直流/W
分励脱扣器		交流 36、110、220、380 直流 24、48、110、220、440	(75%～105%) U_N	187	100
失电压脱扣器		交流 110、220、380 直流 110、220、440	75% U_N 以上不动作 40% U_N 以下动作	40	10
电磁铁 操作机构	DW10-200	交流 220、380	(85%～105%) U_N	10000	1000
	DW10-400、600	直流 110、220		20000	2000

（续）

名称		额定电压 U_N/V	可靠动作电压	消耗功率	
				交流/VA	直流/W
电动机操作机构	DW10-1000、1500 DW10-2500、4000	交流 220、380 直流 110、220	(85% ~ 105%) U_N	500W 700W	500 700

注:分励脱扣器和电磁铁操作机构的消耗功率为瞬时功率。

表 3-7　DW15 断路器线圈可靠动作电压值

名称	额定电压 U_N/V	可靠动作电压	消耗功率			
			交流/VA		直流/W	
			220V	380V	110V	220V
欠电压脱扣器	交流 220、380	(70% ~ 35%) U_N	18	19	—	—
分励脱扣器	交流 220、380 直流 110、220	(75% ~ 110%) U_N	44	57	29	24
释能电磁铁	交流 220、380 直流 110、220	(85% ~ 110%) U_N	670	680	890	903

注:分励脱扣器和释能电磁铁的消耗功率为瞬时功率。

5）注意事项:

① 调整试验时所有的接线应正确、可靠,避免虚接发热;短路线应用容量足够的铜辫子软线,截面积应与电器的导线或母线相同。

② 电流试验时的温度测试,一定要注意室内温度,一般应在周围介质 0 ~ 40℃ 范围内进行,并记录测试时的温度。同时应避免外界气流、阳光和其他射线对电器的影响。

③ 试验回路的电压线圈应加额定电压,有手动、电动合闸的开关元件,两种合闸都应进行试验,试验时必须将灭弧罩上好。

④ 合闸后除上述测试外,应用万用表检查辅助触头的开闭情况及可靠性。

⑤ 试验过程中如发生意外,如打火、烧红、漏电、变形等应立即将升流器调零并关掉电源,然后再分析原因,试验设备和被测试元件必须接地良好。

（3）接触器的测试

接触器的线圈应加额定电压,电流值的选择同隔离开关。

其他内容及方法同断路器。

（4）熔断器的测试

熔断器的测试主要是绝缘电阻（导电部位与熔盒的通电部位）和其触头与柜体主回路插入部位的接触电阻。此外应核对熔体的电流值,一般按被保护线路或被保护电动机额定电流的 1.5 ~ 2.5 倍选择,并能躲过电动机的起动电流;对频繁起动的电动机,放宽到 3 ~ 3.5 倍;对保护多台电动机时,应按容量最大的电动机起动电流同其余多台电动机额定电流之和选取。必要时熔断器应按断路器的试验方法进行试验。

（5）电流互感器的测试

电流互感器应测试线圈的直流电阻或进行匝数比（电流比）的校验。直流电阻的比值应和电流互感器的电流比相对应。

匝数比（电流比）的校验接线方法见图 3-21。其中电流表应选用准确度较高的标准表，一般用 0.05 级的，A_1 的量程应为互感器一次电流额定值，A_2 的量程应选

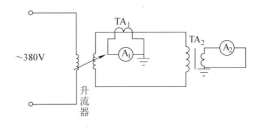

图 3-21　电流互感器的试验

用 5A 量程的标准电流表。首先观察电流表的零位是否和指针对应，否则应先调零；然后将升流器的电源合上，指针仍为零，而后可在 A_1 的刻度上选择低量、中量、满量三个刻度（如 100A 的表可选 10、50、100 三个点）再升流，并在每个点停止升流并观察 A_2 的指示值，三个点的电流值对应于 A_2 的三次指示值的比值应相近于互感器的匝数比，其误差不得大于互感器允许误差的三分之一。测量时必须注意电流互感器的二次绕组不得开路，接线必须紧密可靠；同时二次绕组应可靠接地。

五、DDY200 D2（K）型单相预付费电能表

1．主要技术指标

DDY200 D2（K）型单相预付费电能表见图 3-22 和图 3-23。该类仪表是在机械表的基础上，加装预付费装置而构成的智能电能表，用以测量单相交流 220V、50Hz 电路中的有功电能。该产品采取非接触光电传感方式，在基表上取得与转盘转数相同的电脉冲，经专用微处理器（装于电能表内部）处理后，转换成电能数（kW·h）。并采用智能 CPU 卡，在电能表与售电管理系统之间双向传递电量及用电数据，实现电能计量与电费预付功能。该产品是供电部门改革民用电收费方式，实现预付费用电管理必不可少的计量器具。

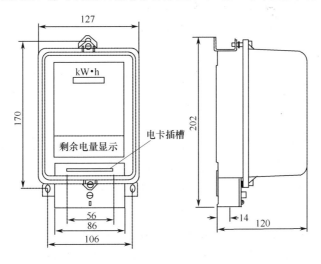

图 3-22　DDY200 D2（K）型单相预付费电能表外形图

该产品符合标准 GB/T 18460.3—2001《IC 卡预付费售电系统　第 3 部分：预付费电度表》的要求。主要技术指标和对使用环境的要求见表 3-8。

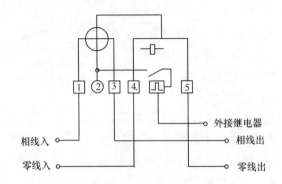

图 3-23　DDY200 D2（K）型单相预付费电能表接线

表 3-8　DDY200 D2(K)型单相预付费电能表

准确度/级	2.0	耐压电压/kV	2
电流/A	5(20),10(40),15(60),20(80)	(长×宽×厚)/mm	202×127×120
额定电压/V	220	使用温度/℃	-20~+50
极限电压/V	176~253	环境相对湿度(%)	≤85(温度为25℃时)
频率/Hz	50		

2. 使用注意事项

1）用户安装本表后，应到供电管理部门办理开户、建档、领取本电能表对应的用户卡即可进行购电。插卡时，卡上有芯片的一面朝着表体按箭头方向插入。

2）将购有电量的电卡插入表内后，数码管显示"C"，然后电能表将电卡中的电量加到电能表中，数码管显示剩余电量约10s后自动熄灭。显示剩余电量后，方可拔出电卡，若电能表原来处于断电状态，3min后，手动闭合电能表表外断路器，即可恢复供电。若电能表当前的剩余电量仍较多，高于电能表内预置的限购电量时，新购电量暂时不能输入到电能表内，并且电能表闪烁显示当前的剩余电量；当剩余电量低于限购电量时，方可将电卡中的电量输入到电能表内。

3）电能表加载后便开始计度，转盘每转一周，电能表的脉冲指示灯闪烁一次，每使用完1kW·h（习惯称为1度），剩余电量就减去1kW·h；当剩余电量减至小于表内预置的报警电量1时，数码管开始常显剩余电量，提醒用户应尽快购电。当剩余电量减至表内预置的报警电量2时，电能表断电一次，提示用户电将用尽，用户插入电卡3min后，手动闭合电能表表外断路器，即可恢复供电。若用户没有购电，继续用电至零时，电能表将切断供电，直至用户输入新购电量3min后，手动闭合电能表外断路器，方恢复供电。

4）用户每次将电卡插入电能表时，电能表将当前的用电情况全部返写到电卡上，下次去购电时，可通过售电管理系统检查出用户的用电状态，故每次购电前，用户应主动将电卡插入电表一次，以读取电能表的用电信息，并且插入后必须等剩余电量显示出来后，方可将电卡拔出，以免造成返写数据不全而影响下次的正常购电。

5）检查人员可以通过专用的检测卡，逐户检查电能表的使用情况。

6）一表一卡，用户电卡只能在自己的表上使用，在其他的表上不起作用。

7）注意保存电卡，不要折损、污染或浸泡，丢失后应及时到供电部门申报，并办理补卡。

8）当电能表出现故障时，将显示出"E-02"，此时，应立即向管理部门申报，以给予维修。

第四章　照明电路及单相电气设备的安装

根据电气线路敷设形式的不同，照明电路和单相电气线路可分为暗装和明装两种。暗装线路已在土建工程中将管路、箱盒预埋在建筑物的地板、墙上或顶板上；明装线路也已在土建工程中将木砖、T形铁件预埋在建筑物的墙上、顶板上。有的明装线路则在安装时才把固定件安装在墙上或顶板上。无论采用哪种方式，国家都有规范标准，本章将详细讲述各种单相设备及线路的安装。

一、暗装线路及灯具、开关的安装

（一）用空压机的压缩空气吹除管路

具体方法如下：先将盒内管口及其杂物清除干净，再将管口的包扎物取掉，用高压空气吹除管内的异物渣土，一般用小型空压机，吹除时要前后呼应，以免发生事故；凡吹不通者多是硬物堵塞，要修复。修复管路堵塞是一项细致耐心的工作，不要急于求成。管径较大者可用管道疏通机，管径较小者可用刚性较大的硬铁丝从管的两端分别穿入，顶部做成尖状，当穿不动时即为堵塞点，然后往复抽动铁丝，逐渐将堵塞物捣碎，最后再吹除干净。明设管路可将堵塞处锯断，取出堵塞物，然后用一接线盒将锯削处填补整齐。吹除后的管路，特别是管口向上的垂直管路，在没有穿线前应用塑料布包扎严密，以免异物落入发生堵塞。

（二）清除箱盒内的杂物

一般用皮老虎或压缩空气。并检查管口有无毛刺或预埋上有何不妥，否则应修整，以免划伤导线绝缘层或给安装带来不利。紧固螺钉的螺孔螺纹，应用安装时使用的合格的螺杆试拧一次，不合适的要更换螺钉或用与螺钉配套的螺纹锥将螺孔重攻螺纹一次。

（三）穿线

穿线方法见本书第三章"三、管内穿线方法"相关内容，应注意以下几点：

1）根据图样或变更后的安装实际情况，核对管路中导线的根数。

2）确定管路中导线的根数应先确认灯头的控制方式，是集中控制还是单独控制。一般情况下，民用住宅、办公间及较小的房间都采用单独控制，即一个开关控制一个灯；工业车间、大厅、会议室、公共场所及较大的房间都采用集中控制。无论是集中控制，还是单独控制，都要确认控制的回路个数。集中控制时，一个开关控制一个回路或两个回路，最多不超过三个回路，但是容量较大的回路，如大厅中的多管荧光灯带，一个回路则又分成几个控制回路，分别由开关控制。

3）单元或房间的灯头为集中控制时，管路中导线根数的确定方法：

① 系统采用三相四线制（包括金属管路为保护线的三相五线制）

a）在开关箱内控制时，由开关箱送至每个回路管内的导线为两根，而送至开关箱的电源线有两种情况：当采用单相供电时，为两根导线；当采用三相供电时，为四根导线，并在箱内将三相电源按各个回路的容量均匀分开。

b）由开关箱外的开关控制时，单独一个开关时，则进线及出线均为两根；几个开关并列在一起安装时，有两种情况：当采用单相供电时，电源进线及每个回路的出线均为两根，相线和零线均在接线盒内按回路个数分开；当采用三相供电时，电源进线为四根，每个回路的出线为两根，在盒内将三相电源按回路的容量均匀分开。

c) 当控制灯的回路里装有单相插座时，则由控制点到被控灯的管路里为三根导线，即一根控制灯的相线，一根常相线，一根公共零线。由灯盒到插座的管路里为两根导线。

d) 容量较大的灯带或灯组，其盒与盒或组与组之间管路内导线的根数是由控制方式决定的（见图4-35～图4-37）。

② 系统采用三相五线制时，上述各段管路均增加一根导线，即保护零线。当金属管路为保护线时同①。

4) 单元或房间的灯头为单独控制时，管路中导线根数的确定方法：

① 系统采用三相四线制（包括金属管路为保护线的三相五线制）

a) 采用单相供电时，进入开关箱的导线为两根，并在开关箱内将相线和零线按回路分开；采用三相供电时，进入开关箱的导线为四根，并在开关箱内将三相电源按回路的容量均匀分开。

b) 从开关箱到任一单元或房间的第一个接线点的管路中为两根导线，第一个接线点通常均为开关。此点如为几个开关，则从开关到第一个被控制灯（其他被控灯一般是从这个灯盒分出去，而不采用直接由开关引线的方法）间的管路内为 $n+2$ 根导线，其中 n 为被控灯的个数，一根常相线，一根公共零线，常相线是为第一个被控灯盒到其他支路的电源，公共零线则为所有回路及灯头的零线。

c) 房间内若由开关点引入电源，引入管内为两根导线；引出管为一根时，管内的导线为 $n+2$ 根，其中 n 为引入点开关的数目（或所控灯的数目），一根为常相线，另一根为公共零线。引出管通常在屋内中央的灯盒中将各支路分开；引出管为 n 根时，分别控制各灯，则管内为两根导线，一根控制相线，一根零线。

d) 房间内若由灯具或插座点引入电源，引入管内仍为两根导线；而引至开关点的导线则为 $n+1$ 根，其中 n 为开关个数，即 n 根控制相线，另一根为常相线。如果由这些开关点有通往他处的支路，则导线根数应为 $n+2$，除上述导线外再加一根零线。

e) n 个开关并排安装控制 n 个（组）灯时，从开关处到第一个灯处的管路应有 $n+1$ 根导线，即 n 根控制相线，一根公共零线。灯与灯之间的管路内导线的根数则由管路与第一个灯的接线点到最末一个被控灯之间灯的总个数决定，如果灯的个数为 x，则从接线点到最近一个灯的管路内导线的根数为 $x+1$，然后每经过一个灯，管路内的导线则减少一根，到最末一个灯时为两根导线。如果在这些灯有通至他处的电源（灯或插座），则从这个灯前面所有的管路中应增加一根常相线。

f) 由灯到插座管路内的导线为两根，但送入灯的管路内至少应有三根导线，即常相线、零线和控制相线，其中常相线接插座，控制相线接灯具，零线为插座和灯具的公用线。

g) 灯具、开关、插座在图上画在一起时，进线管路内为两根线，开关和灯不在同一标高处时，其间管路内的导线为三根，即常相线、控制相线、零线各一根。

在确定导线根数时，必须熟练掌握常相线、控制相线、零线及地线的用途，才能准确确定导线根数。

② 系统采用三相五线制时，上述各段管路均增加一根导线，即保护零线，这是所有元件的公用线。

5）导线根数确定后，应根据导线绝缘层的颜色、线标或标注记号确定导线的用处，如常相线、零线、保护地线及第一控制相线、第二控制相线等，干线中的导线用处应根据记号标注在图中。在一个系统中，相线、零线、保护地线的记号一经确定后便不得更改，以免接线发生贻误。

6）穿线的顺序一般是电源—总开关箱—各分路开关箱—各个支路—灯盒或开关盒—插座盒；照明线路的导线每经过一个箱或盒都是断开的，目的是为了方便接线；但是有的干线则不断开，而是在接线盒处将其预留一定的长度，做成倒"Ω"形，接线时即可在双环头上进行。照明线路的接线通常用倒"人"字接头，而不采用"T"形接头或"一"字形接头。

7）穿线时盒内预留长度不得超过 300mm，箱内预留长度不得超过箱体的半个周长，相同部位的预留长度应一致。

8）不同回路、不同电压和交流与直流的导线应遵守动力电路中管内穿线的规定。此外，照明华灯的所有回路，在管子内截面允许的条件下，可以穿在同一根管子内；同类照明的几个回路，在管子内截面积允许的条件下，也可以穿在同一根管子内，但管内导线总数不应多于 8 根。

9）穿线后应用 500V 绝缘电阻表测试线与线、线与地（管壁）的绝缘电阻，其值一般应大于 1MΩ。

（四）控制箱的安装和接线

控制箱的安装是分两个阶段进行的，无论是木制、钢制或其他形式的控制箱都是在配合土建中将其外框敷设在墙内，管路也已引入其内，穿线时即可在箱内上下左右牵引导线。当进入安装阶段时，再将开关板和门装上去，并进行接线。控制箱的安装顺序是总开关箱—分路开关箱—支路开关箱，每个开关箱的安装工艺是基本相同的。

1）将开关箱的开关板（俗称二层底）、边框和门扇及其辅件螺钉准备好并试装一次，观察有无阻卡、关闭是否严密、是否方正及有无其他不妥，正式安装前应将不妥修复。合格的标准产品同类型之间均有互换性，自制的开关箱安装时应注意边框、门与箱体的对应性。

2）把开关板上的开关元件、表计安装好，并把元件间的连线或二次线配好，方法同开关柜的制作。由厂家成套供应的开关箱出厂时已将元件及连线装配好，不需要现场配线，但应检查、试验或测试。

3）把三相或单相电源进线（管内已穿好）从开关板后侧穿入上闸口的进线孔，这时应开始注意导线是否已编号，并严格按编号穿线接线。如果进线为三相，则应根据分路开关的个数或容量（按图中标注），将其平均分配给总开关的下端口，应尽量保证三相负载的平衡，一般可按单元、房号分配并对应图样中的标注。

然后按每个分路或开关控制的最大容量包括估算插座的容量计算并选择跨接导线，同时将其分别从板后穿入总开关下闸口的出线孔，另一端分别对应穿入每个分路开关的上闸口；跨在两孔之间板后的导线不宜长且不得交叉，敷在板后即可，伸出出线孔的长度能满足与开关触头接线即可，一般不超过 150mm。

4）送出回路的导线（管内已穿好）应根据编号标记——从板后穿入分路开关下闸口的出线孔。这里要注意，送出回路的零线和保护接地线通常应在板后直接（不经过开关）与电源进线的总零线和总保护地线用套管压接，小容量的（小于 10A 的）可以用导线缠绕，最后包扎一层黄蜡绸，外层用胶布再包扎三层。零线和保护接地线的接头宜采用倒"人"字接头，缠绕时可用自身导线或另用绑线，并用钳子叼紧绑线将线头缠紧，直至最后用小辫收尾，见

图4-1。导线的绑扎宜可用接线板连接，接线板的螺钉螺母必须有弹垫和平光垫，紧固可靠。

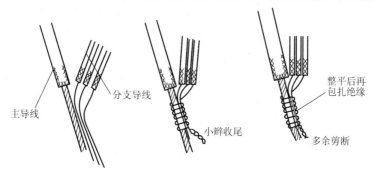

图4-1　倒"人"字接头的绑扎方法

　　前面所说的是只控制相线而不控制零线的接法，通常使用单极或三极开关；但有的设计常使用双极刀开关控制小单元、小房间的照明回路，有时也将零线接入刀开关，做法基本同上，先采用倒"人"字接头将分路开关的零线接好，然后与相线同时穿入刀开关的上闸口，这时应注意面对开关的左极接零线，右极接相线，送出线则应按上述方法接好。但保护接地线任何时候都不得通过开关。

　　穿入导线时，应将开关板置于开关箱边框门口的左侧且垂直于开关箱的安装面，一方面预测导线的预留长度，便于操作；另一方面也便于将来维修，能使开关板取出并离开边框一定的距离。穿入木板时，木板应装瓷套管护口；穿入钢板时，钢板应装橡皮绝缘护口，保护导线。接线前应用与导线相适的塑料套管穿入导线至管口处，加强管口处的绝缘及导线强度，塑料管长一般为200mm，入管100mm。

　　5）检查开关板接线无误后，即可把开关板慢慢推入边框进入箱内，使其和固定孔（指金属箱）或木带（指木制箱）慢慢贴紧，这时要注意穿入穿出的导线不应有挤压卡阻现象，管口的导线不得有死弯；如导线较粗、根数较多使开关板不能贴紧时，可适当使开关板往前移一定的距离，和固定点间再垫以木块且保证开关板与箱框的垂面平行，任何时候不得硬砸死敲开关板，以免损坏元件或导线。将开关板找正后即可用机螺钉（金属箱）与固定点、或木螺钉（木制箱）与木带固定，机螺钉最好涂少许黄油。有时为了查找故障，可将开关板放入箱框即可，等系统检查无误后再固定。

　　6）将总开关上闸口的引入电源线和各分路开关下闸口的引出负载线比好与开关的接线尺寸，将多余部分剪掉，剥去绝缘皮，将导线与开关的螺钉接好，方法与要求同动力电路。连接时，同类开关导线的弯曲应一致，导线裸露部分的长度应一致，一般不超过3mm。采用螺旋式熔断器的熔断器盒，电源相线应接在中间触头的端子且该端子的方向应在上方，负载线应接在螺纹口的端子上且该端子的方向应在下方。与端子连接的导线应套一截黄绿红任一色的塑料管，以区分相序，管长以从接线端子至穿过二层底为准。

　　7）装门：金属门一般通过门轴与箱体边框连接，插入即可，同时调整门的严密性及门锁；木门一般是门和门框已由木工组装好的，将门框与箱体的边框找正后用木螺钉连接紧固即可。门的安装垂直偏差不得大于2mm，门框四边缘应紧贴墙面，墙面在箱体四周的孔洞残缺应用灰抹好。

　　8）装有电能表的计量（开关）箱接线时应遵循下列原则：

① 三相电能表接线时应注意，每相的电压线圈应和同相的电流线圈对应，特别是采用互感器时更要注意。电压线圈必须并接在电压回路里，电流线圈必须串联在用电电流回路里。照明或单相设备回路中，常采用三相四线电能表，电压线圈的额定电压为 220V，动力电路中，常采用三相三线电能表，电压线圈的额定电压为 380V。电压线圈的接线必须与电路电压相符且电压线圈的额定电流不能超过电压互感器的负载电流；电流线圈的总阻值不能超过电流互感器二次侧所允许的电阻值。接线前必须确认哪个是电流线圈，哪个是电压线圈。

② 配有互感器的电能表要注意互感器二次绕组的接地，接地必须可靠。

③ 无论三相表或单相表，电源的进线应先进电能表，电能表的出线再进开关，开关的出线即送至所控的回路。

④ 接线必须参照电能表制造厂家提供的接线图，一般在接线盒盖的背面都印有接线图。使用互感器时必须把电流线圈始端与电压线圈始端的连接片取掉，才能接线。

9）以图 4-2 所示说明装有电能表的照明箱的接线方法。图 4-3 所示是该图的系统图，图 4-2 所示是二层箱底板面布置图，其中虚线表示的电流互感器是为大电流而设置的。

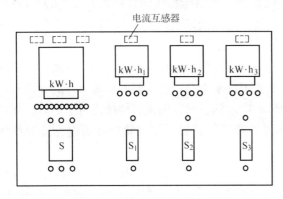

图 4-2　照明箱开关板板面布置图

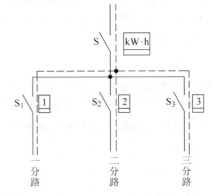

图 4-3　照明箱系统图

① 把三相电源的进线（最好用黄、绿、红三色区分开）从板后穿入三相电流表的进线孔，按顺序从左至右穿入 1、4、7（或 2、5、8）。这里要说明一点，由于目前市场上的电能表不统一，每相电流线圈和电压线圈的始端标注不一，有的将电流线圈的始端放在 $1^{\#}$ 端子，将电压线圈的始端放在 $2^{\#}$ 端子，$3^{\#}$ 端子为电流线圈的末端，即出线端；而有的则将电流线圈的始端放在 $2^{\#}$ 端子，把电压线圈的始端放在 $1^{\#}$ 端子，$3^{\#}$ 端子仍为电流线圈的末端。因此接线时必须按厂家提供的接线图为准并确认电流线圈及电压线圈的端子。

然后用三根同径的黄绿红色线从板后分别穿入至 3、6、9 孔，导线的另一端引至总开关的上闸口进线孔；同时将电源的零线从板后穿入至 10 孔，再将送出的零线从板后穿入 11 孔，另一端经倒"人"字接头后分别接至单相电能表的 $4^{\#}$ 端子。也可将零线直接在板后经倒"人"字接头接好接至单相表的 $4^{\#}$ 端子。

② 从板后总开关的下闸口三个出线孔穿线并分别引自单相电能表 $1^{\#}$ 端子进线孔，同时将电能表 $3^{\#}$ 端子从板后穿线分别引自三只单极断路器的上闸口进线端，三只单极断路器的下闸口接每个用户回路的相线。用户回路的零线直接从板后穿进单相电能表的 $5^{\#}$ 端子出线孔即可，不必经过开关，如用刀开关也可经过开关。

③ 经检查无误后，按上述方法将多余导线剪掉，把从穿线孔引来的导线对应接在电能

表和断路器的接线端子上。

④ 上述接线见图4-4。

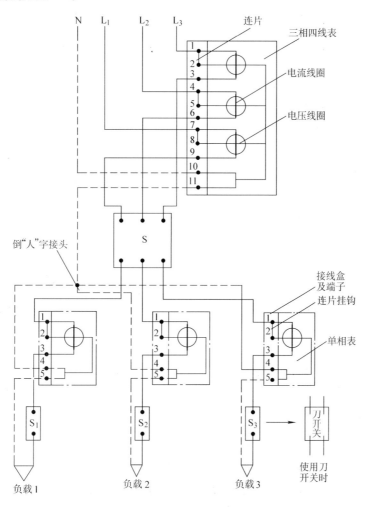

图4-4 照明电表箱接线图

⑤ 图4-4所示接线，如容量较大，均采用电流互感器，接线图见图4-5，接线方法基本同上，但应注意以下几点：

a）先把三相电能表和单相电能表中接线盒盖打开，把每个单元中电流线圈和电压线圈始端的连接片取掉，见图4-6。

b）把三相电源的进线先穿过电流互感器再接至电源总开关的上端口，同时从电源总开关的上端口分别接一根截面积为 $1.5 \sim 2.5 \mathrm{mm}^2$ 的塑铜线（应用黄、绿、红色分开）接至电能表的三个电压线圈的始端，其末端仍和零线相接。

c）电流互感器的二次侧应分别用两根截面积为 $1.5 \sim 2.5 \mathrm{mm}^2$ 的塑铜线接至电能表的电流线圈，电流互感器的 L_1 端为始端，L_2 端为末端，且 L_2 端应用铜绞线与地可靠连接。这里要注意，某相电流互感器所接的那组电流线圈，必须是从总开关该相上端口取得电压的那组电压线圈对应的电流线圈，也就是电流线圈和电压线圈参数的取得必须是同相。

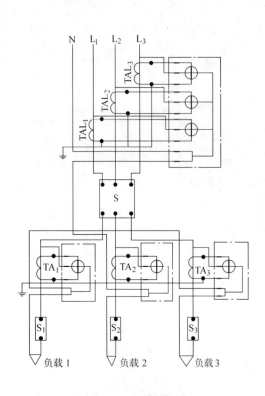

图 4-5　有电流互感器
照明电表箱接线图

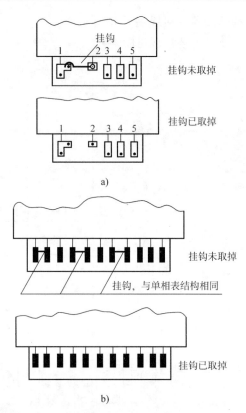

图 4-6　把电能表接线盒中端子上的连接片取掉
a）单相电能表　b）三相四线电能表

d）单相电能表与三相电能表接线方法基本相同，先拆掉连接片；电源相线穿过电流互感器接至单极断路器上闸口，下闸口接负载相线；电流互感器二次线 L_1 端接单相表的电流线圈进端 $1^\#$ 端子，出端 $3^\#$ 端子接至电流互感器二次线 L_2 且接地；附小铜塑线从单极断路器上闸口或总断路器下闸口取得电压至电压线圈始端，零线同样进线接 $4^\#$ 端子，出线接 $5^\#$ 端子。

e）将电流互感器的电流比标注在接线盒盖上。

f）电流互感器的极性必须一致，导线穿过方向一致，电能表额定电流必须为 5A，与互感器匹配。

g）目前投入市场的新型智能电能表种类很多，其接线方法基本相同，但必须读懂其产品使用说明书，并按其要求接线。

（五）灯具、单相设备及其开关元件的安装

1. 单相电路中，元器件的安装和接线是同时进行的，接线及安装必须遵守以下原则：

1）无论哪种照明开关（拉线、扳把、跷板、单极断路器、触摸或红外自动开关等），常相线也就是电源的进线，应接在开关的静触头的端子上；控制相线也就是开关的出线，应接在开关的动触头的端子上。任何单相电器（包括灯具）的控制开关都必须控制相线，零线一般可不加控制，而零干线上不得有人为的断开点。

2）任何部位的螺口白炽灯，经开关后的控制相线应接在灯口内中央的舌片上，零线则应接在螺口的螺钉上，见图 4-7。卡口灯的两个接线柱可任意接零线或接相线。

3）单相两孔插座，面对插座的左极应接零线，右极接常相线，即左零右相；单相三孔、三相四孔带接地端子的插座，其接地端子的插孔应在上方，且单相三孔下面两孔也应为左零右相。

4）多股铜软线和电器端子的连接应先将其绝缘去掉，然后把铜芯拧成小辫镀锡处理后，才能和端子连接。独股导线可与端子直接连接。

5）任何情况下管内导线不得有接头，导线的接头应在接线盒、分线盒、灯头盒、开关盒、端子盒中或箱内进行，同时应尽量减少导线的接头。

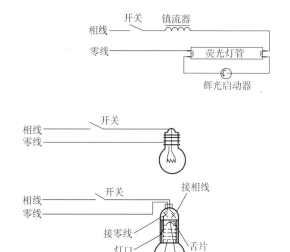

图 4-7　荧光灯及螺口灯泡的接线

6）三相供电的系统应按设计分配使每相的负载平衡，不得随意更改线路，如特殊情况非更改不可时，应通过设计，并把更改线路及容量标注在竣工图上。

7）任何电气元件的安装标高、安装位置应符合设计，垂直安装的元件中心轴线应垂直地面，水平安装的元件应与地面平行且位置应居中或分布均匀，同一建筑物中同样元件的标高应一致，总体上整齐美观，纵横做到成线、成行、成排、成列。

8）接线必须按照预先确定的编号或记号进行，不得混用，零线就是零线，相线就是相线，否则系统将发生混乱而引起事故。

9）任何场所灯具及照明电具的固定均不得采用木楔固定，如没有预埋固定件，通常应采用膨胀螺栓、埋注螺栓、射钉枪射钉来补救，特别是对质量较大、固定后弯矩较大或经常拔插的电具。

10）在室外安装灯具的控制开关必须采用防护型或防水型的拉线开关；在多尘、潮湿、易腐蚀、振动环境恶劣场所应选用相应的防护灯具，管路应密封；在危险爆炸、易燃易爆及火灾易发生的场所，必须选用防爆灯具。防爆灯具或特殊场所灯具的安装见本丛书《特殊环境电气工程的安装调试及运行维护》分册相关内容。

11）安装好的灯具或元件应注意成品保护，以免丢失或损坏。必要时可先将盒内的线接好并甩出，而不安装元件或设备，待通电试灯前一日再将元件设备安装接线。选用的圆木应按墙壁的颜色涂刷相应的油漆。

12）采用五线制的系统，要将设备、元件易漏电的部位与保护地线可靠连接，保护地线应采用铜线。

13）导线的连接必须杜绝混线，所谓混线是指不该回路的电具却接在了该回路上，而该回路的电具却接在了其他回路上，这是要绝对禁止的，特别是单独计费的民用住宅更要引起注意。

混线多发生在分路之间，特别是采用单独控制的民用住宅，管线多，在布置或穿线时很容易混线，进而导致了接线的错误。

14）接线必须保证正确、牢固、可靠、绝缘，除明敷导线外，接线必须在盒内进行；

明敷导线允许分支线在干线上接线，但不得使干线受到应力，分支线接线时，接线点应在干线上错开。干线因长度不够需要延长接线时，只允许在不受应力的过引处连接。

2. 导线连接的处理及灯具开关的安装接线

照明电路中有很多导线的连接点：一种是干线在开关内的连接及与分路的连接；一种是从分路开关送来的分路总电源线与支路导线的连接；另一种是支路接出来的与负载连接的负载线；再一种是从各种线盒接出来的通往开关的控制线；还有些是为了穿线的方便或者是导线经过转角及导线较长时，在管路中设置的接线盒中导线和导线的连接等。

下面以图4-8为例，说明照明电路中导线连接的类别和方法及灯具的安装。为了讲述方便，我们将图中各点标注了编号，见图4-8。图中的管路全部采用钢管。

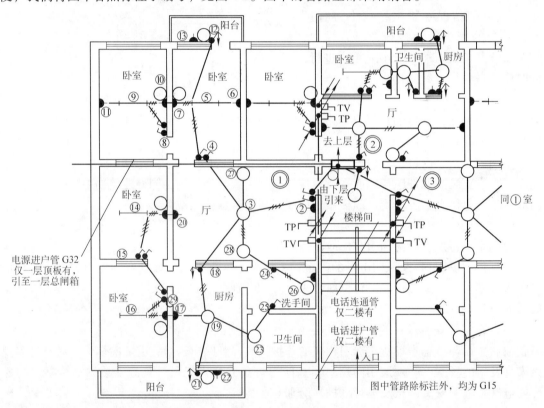

图4-8　某住宅照明平面图（1:100）

1）从总开关箱上翻至距顶 -0.2m 的①点处有一便于敷设管路及穿线的接线盒，这是为了顺利穿线而设置的，导线一般是不断开的。线穿好后，将盒盖盖好，紧好螺钉，一般情况下再抹一层白灰，与墙壁抹灰面取得一致。接线示意见图4-9。

2）在②点距顶 -0.2m 处有一接线盒，标高 1.40m 处有一盒装设两只跷板开关，是控制门厅吸顶灯和壁灯的，并在标高 0.30m 处有装设电源插座的盒，全部的接线见图4-10。导线的连接全部采用倒"人"字接头，见图4-1，包扎好绝缘后将线头塞进

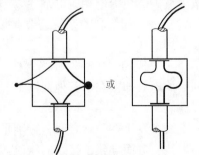

图4-9　①点接线盒接线示意图

表 4-1　YMT 压线帽使用规范

压线管内接线线芯组合编号	压线管内导线规格/mm² BV（铜芯）				色别	配用压线帽型号	线芯进入压接管削线 L/mm	压线管内加压所需充实线芯总根数	组合方案实际工作线芯根数	利用管内工作线芯回折根数作填充线
	1.0	1.5	2.5	4.0						
	导线根数									
2000	2	—	—	—	黄	YMT-1	13	4	2	2
3000	3	—	—	—				4	3	1
4000	4	—	—	—				4	4	
1200	1	2	—	—				3	3	
6000	6	—	—	—	白	YMT-2	15	6	6	
0400	—	4	—	—				4	4	
3200	3	2	—	—				5	5	
1020	1	—	2	—				3	3	
2110	2	1	1	—				4	4	
0200	—	—	2	—	红	YMT-3	18	4	2	2
0030	—	—	3	—				4	3	1
0040	—	—	4	—				4	4	
0230	—	2	3	—				5	5	
0420	—	4	2	—				6	6	
1021	1	—	2	1				4	4	
0202	—	2	—	2				4	4	
8010	8	—	1	—				9	9	
L20（铝芯）	—	—	2	—	绿	YML-1	18	4	2	2
L30	—	—	3	—				4	3	1
L40	—	—	4	—				4	4	
L32	—	—	3	2	蓝	YML-2	18	5	5	
L04	—	—	—	4				4	4	

接线盒，将盒盖盖好抹灰即可。

　　线盒内的接线也叫"跷头"，是安装中的俗语，跷头还有一种较先进方便的办法，就是采用"压线帽"，市场上有成品销售，使用时先将被跷头的导线剥去绝缘，长度不超过压线帽的深度，根数与截面积按表 4-1 选择，如连接根数不够应填充同径线芯，然后用专用的压线钳压挤线帽即可完成连接，安全可靠，见图 4-11。压好后同样塞进线盒，无须包扎绝缘。

　　进入开关箱的一根常相线、两根控制相线应当与跷板开关接好，这里是一只双联的开关，先把常相线接在其中一个静触头上，然后再将这个触头与另一个静触头用导线连接起来，两根控制相线分别接在动触头上。接线时盒内预留的长度不宜太长，一般不超200mm，插入接线孔内的导线应用双回头，螺钉拧紧即可，不宜太紧，见图 4-12。如果孔与导线线径相差太大，应充以多根导线芯。有些开关或灯具、插座的接线是直接插入即可，不用螺钉紧固，孔内有锁紧装

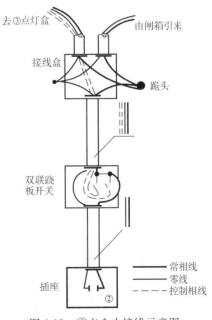

图 4-10　②点盒内接线示意图

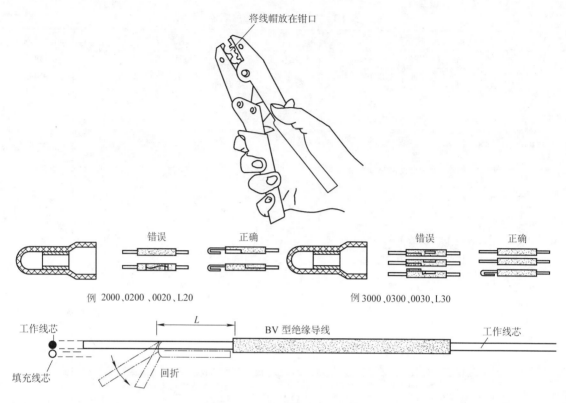

图 4-11　压线帽的使用方法

置，但必须插到底，并对导线的剥切及规格都有要求，见图 4-12。然后把开关背面向里送进线盒，跷板有标志的应在上方，找正后用螺钉与盒上的螺孔拧紧即可，见图 4-12。如果墙壁裸露孔洞，应用白灰将其抹严修平。

　　进入插座盒的一根常相线、一根零线应与跷板系列的插座接好，要左零右相，安装方法同跷板开关。

　　3）③点是一吸顶灯，③点的盒即是接线盒，又是分线盒，全部接线见图 4-13。这里的常相线将接至三个回路，一个去④，一个去⑱，一个去㉘；这里的零线将接至五个回路，分别去④、㉘、㉗、⑱，另一个接③本身吸顶灯；这里的控制相线一根接③本身吸顶灯，另一根接出两个支路分别至㉗、㉘壁灯，顶板 − 0.20m 处的接线盒同①。

　　③盒处将跷头塞入接线盒，将吸顶灯的底座用螺钉与灯盒固定，同时将③的一根控制相线、一根零线从底座中间的孔穿出，把环形灯管在底座上固定，同时把控制相线接在镇流器的进线端，零线接在灯管的出线端，然后把灯罩装好即可，荧光灯的接线图见图 4-7。

　　如果吸顶较重，可用一根 ϕ6mm、长小于 150mm 的钢筋棍置入接线盒内，一端伸入通㉗的管口，另一端伸入通㉘的管口，同时把管内的导线置于管口上部，不得用钢筋棍挤压，然后用一根 10# 镀锌铁丝将吸顶灯底座与钢筋棍拧紧固定即可。底座的中间部位应预先钻出两孔使铁丝穿入，底座的中心应位于盒的中心。有条件也可在顶板上用射钉枪打射钉固定。

　　如果③为多只白炽吊灯，处理方法同较重吸顶灯，接线时应先找出螺口舌片的接线端子与控制相线连接，螺旋口线与零线连接。

　　这里要注意，无论是哪种灯，都应用底座将③盒盖住，并使盒内的导线不外露；如灯无

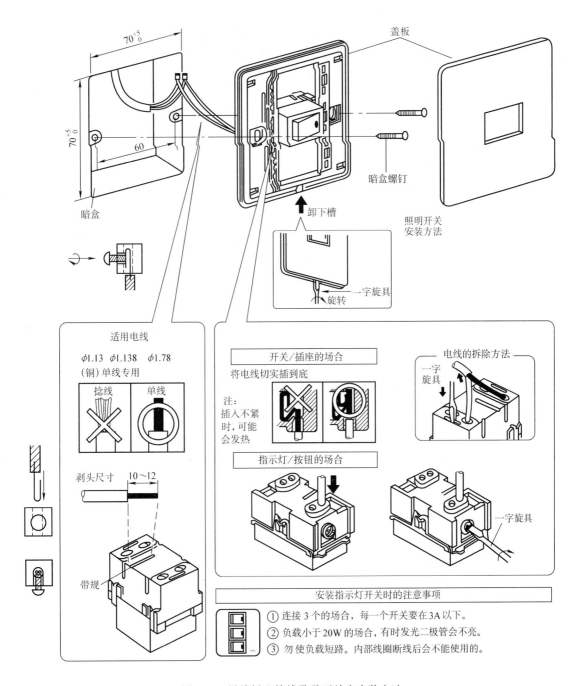

图 4-12　导线插入接线孔及开关盒安装方法

合适底座，可在③盒先装一只大小合适的圆木，并把线穿入圆木引出，再进行接线装灯。另外还要注意，预制楼板和现浇楼板灯盒的处理不同，详见本书第三章二中相关内容。

㉗、㉘处的壁灯应先按其底座的几何形状选用合适的圆木，钻孔后将一根控制相线、一根零线从盒内穿孔引出，然后把圆木与盒用螺钉固定好，接线同吸顶灯或吊灯，最后把壁灯固定在圆木上，不得外露导线，见图 4-14。

4）④点是双联跷板开关，基本同②点，全部接线见图 4-15。

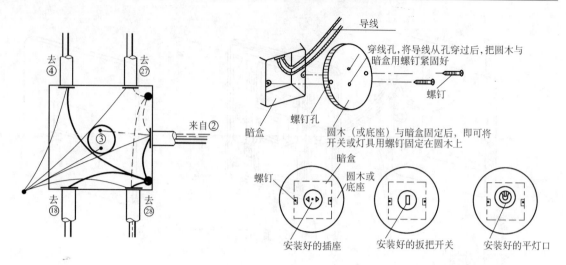

图 4-13　③点盒内接线示意图　　　　　　图 4-14　圆木的使用及灯具的安装

5）⑤点是一支荧光灯吊灯，有两个盒，左边是一接线盒，右边只是一只吊盒，接线盒内的接线见图 4-16。荧光灯安装时，先选择两只相同的圆木，把两盒盖住并与盒螺钉固定，同时将接线中的导线引出。然后将两只吊盒用木螺钉与圆木固定且应在圆木中央，其中一只则将引出的导线接在吊盒的接线端子上，这时应记住哪个是控制相线，哪个是零线。成套的荧光灯一般用金属链吊装，两根链必须长度相等，才能使荧光灯水平。链与灯、吊盒的连接要可靠。接线时要注意两点：一点是荧光灯的出线应用软铜线，且应与链穿插在一起；再一点是镇流器和零线端的接线要正确，见图 4-7。如果是吸顶安装应先将灯盒（罩）用螺钉固定在两只圆木上，同时把控制相线、零线穿过圆木直接引入灯罩盒之内，在罩内接线。

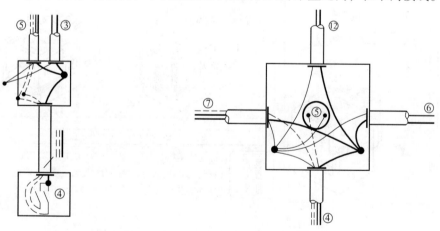

图 4-15　④点盒内接线示意图　　　　　　图 4-16　⑤点盒内接线示意图

6）⑥点是一只单相插座、距顶 −0.20m 处有一盒，接线同②点，但中间无跷板开关。

7）⑦点标高 1.85m 处为一壁灯，0.30m 处为一插座，但这里要注意，板下 −0.20m 处及标高 0.3m 处的线盒与⑩点该标高处的线盒是连通的，目的是省掉一根竖管并把电源引入该卧室，接线见图 4-17。

8）⑫点是一平灯口壁灯与拉线开关的组合单元，⑬点是一单相插座，⑫点和⑬点的接线示意图见图4-18。安装是分步进行的。

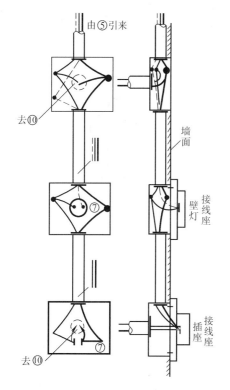

图 4-17　⑦点盒内接线示意图　　　　图 4-18　⑫点盒内接线示意图

①　将平灯口、拉线开关打开，均匀分布在灯座板上，同时按其进线孔的位置在板上划出开孔的位置，然后开孔（稍大于线外径即可）。

②　将盒内从⑤引来的相线和送至⑬的常相线一并穿过拉线开关静触头的进线孔，再把零线和送至⑬的零线一并穿过平灯口螺旋口的进线端。

③　从拉线开关的动触头进线孔至平灯口舌片进线孔穿一根绝缘线，不宜太长。

④　将灯座连板固定在灯盒上，要水平方正。

⑤　将灯座板上的线分别穿过拉线开关和平灯口的进线孔，然后将其固定在灯座板上。

⑥　比齐导线与端子接线的位置，将绝缘层剥掉，将导线与端子接好拧紧，同时把多余的导线剪去，然后把盒盖盖上，灯口套拧上。

⑦　⑬点的接线同②点。

9）⑩点与⑦点基本相同，见图4-19。

10）⑧点为两跷板开关，基本同④点，接线见图4-20。

11）⑨点为一荧光灯，基本同⑤点，盒内接线见图4-21。

12）⑪点同⑥点。

13）⑳点为一壁灯及对背插座，基本同⑦点和⑩点，接线见图4-22。

14）⑭点为一荧光灯，接线见图4-23。

15）⑮点为一双联跷板开关，基本同②点，接线见图4-24。

16）⑯点为一荧光灯，接线基本同⑭点，见图4-23。

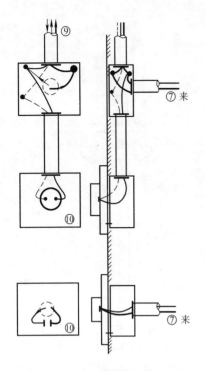

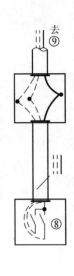

图 4-19   ⑩点盒内接线示意图   图 4-20   ⑧点盒内接线示意图

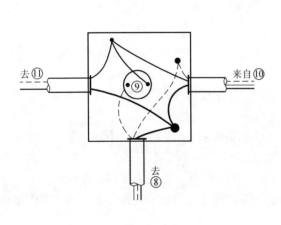

图 4-21   ⑨点盒内接线示意图

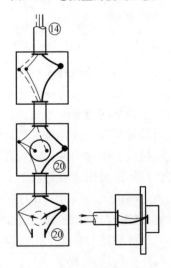

图 4-22   ⑳点盒内接线示意图

17) ⑰点为一壁灯及对背插座，基本同⑦点和⑩点，接线见图 4-17。

18) ㉙点为一双联跷板开关，基本同⑮点，接线见图 4-24。

19) ⑲点为一吸顶防水防尘灯，基本同③点，但安装灯具时，必须把密封垫放正置平，使其严密，接线见图 4-25。

20) ⑱点为一拉线开关，基本同⑫点，盒内接线见图 4-26。

21) ㉑、㉒点与⑫、⑬点相同，见图 4-18。

22) ㉓点为一壁灯，安装与㉘点相同，接线见图 4-27。

23）㉕点为一跷板开关，安装同②点，接线见图4-28。

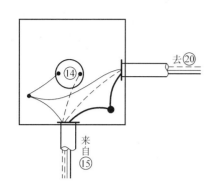

图4-23　⑭点盒内接线示意图

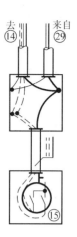

图4-24　⑮点盒内接线示意图

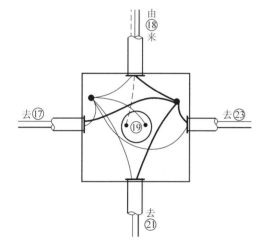

图4-25　⑲点盒内接线示意图

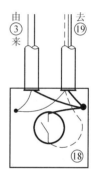

图4-26　⑱点盒内接线示意图

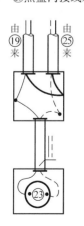

图4-27　㉓点盒内接线示意图

图4-28　㉕点盒内接线示意图

24）㉔点为一跷板开关，安装同㉕点，接线基本同图4-29。

25）㉖点为一壁灯插座，安装同前，接线见图4-29。

在实际工程中，盒内接线与电具的安装是分步进行的，也就是说，先将盒内所有的线接好并将接于灯具、开关、插座的线甩出来，并做好记号（工作零线、控制相线或相线、保护零线）。等所有的线接完并摇测绝缘正常后，再进行灯具开关的安装，有时也称"吊灯"。灯具、开关、插座安装好后应及时锁门，以免丢失。

3. 其他灯具的安装

前面讲述了一些常规灯具的安装方法，下面讲述装饰灯具及公共场所常用灯具的安装方法。

（1）华灯（超大型吊灯）的安装

1）华灯安装的注意事项：

① 有的华灯是采用分组控制的，接线时要按几只开关送来的控制相线分别按组接线。

② 华灯的质量超过3kg时，应在配合土建时预埋吊钩和螺栓，吊钩或螺栓的直径不应小于灯具吊挂锁钉的直径，且不得小于6mm，见图4-30。用导线吊灯时不得超过1kg，超过时应用吊链。用导线吊灯时应在吊盒及灯口盒内将导线做成保险扣，见图4-31。常用灯具吊装方式见图4-31。

③ 大型华灯质量太重时，一般常采用绞车悬挂固定。使用绞车时，棘轮必须有可靠的闭锁装置，当灯具吊起停止后，闭锁装置能使绞车制动停止；绞车钢丝绳抗拉强度不小于华灯质量的10倍；钢丝绳的长度应使华灯放下后，距地面不得小于250mm，电缆不得拉紧；吊装华灯的固定点及悬吊装置、吊装系统应做1.5倍过载试验及试吊试验。

图4-29 ㉖点盒内接线示意图

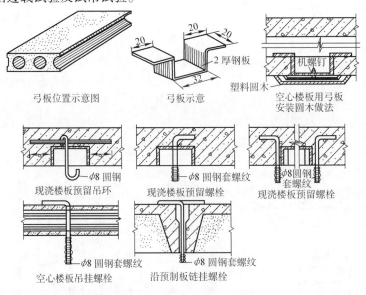

弓板位置示意图　　　弓板示意　　　空心楼板用弓板安装圆木做法

现浇楼板预留吊环　　现浇楼板预留螺栓　　现浇楼板预留螺栓

空心楼板吊挂螺栓　　沿预制板链挂螺栓

图4-30　灯具吊钩螺栓的预埋方法

④ 安装在重要场所的大型华灯的玻璃罩应有透明尼龙丝编织的保护网，网孔的截面积不得大于一个灯罩底面积的1/10。

⑤ 同一场所的华灯，其吊高应一致。

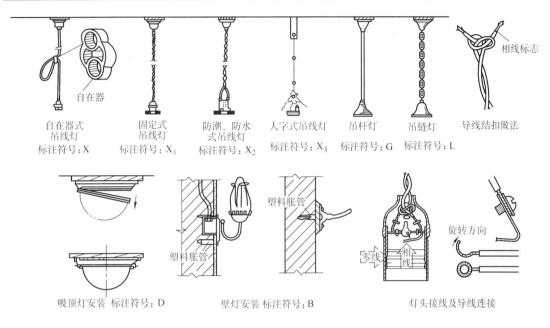

图 4-31　灯具的吊装方式

2）一般不太重的华灯的安装方法：

①　结合平面图、控制开关数量和接线盒内送来的导线根数，确定华灯的控制组数，控制组数等于送来的导线根数减 1，这一根导线为零线，其余为控制相线。

②　把所有灯头螺口接线端子的导线找出，用倒"人"字接头连接在一起作为公共零线点；把同一控制组的灯头中心舌片端子的导线找出，并用倒"人"字接头分别连接在一起，即将华灯分组，且与①中的组数相同。

③　较重的华灯应用绳子将其吊杆或吊链拴好系牢，上部应留出 200mm 的裕量，绳子另一端从预埋挂钩处悬挂的滑轮穿过，按与滑轮中心和地面垂线成 30°的方向拉紧绳子，慢慢把华灯吊起，当吊杆顶部与楼板顶相距 200mm 时即停止，然后把地面一端绳子与固定物系紧系牢。也可用升降车将灯顶升至安装位置，站在车顶上进行安装。

④　按分好的组别分别与控制相线接好，同时将引至的零线与灯口零线接好，均采用倒"人"字接头，接线应尽量短。然后再拉紧绳子，直至将华灯吊杆上的挂钩和预埋的铁件挂好锁住为止。

⑤　把所有导线接头卧进盒内，把吊杆上的活动盒盖推至盒处，用螺钉与吊杆锁紧。这里要注意三点：一是要将所有的导线压入盒内，不得外露；二是吊杆要垂直；三是活动盒盖要将顶板的盒或孔洞全部盖住，否则应在吊灯前用合适的圆木或装饰板加以掩饰。经临时试灯正常后或用表测量接线无误后，才可将绳索、吊具拆掉。

3）重型华灯用绞车悬挂的安装：

①　绞车及导轮的安装，绞车一般安装在吊顶内的龙骨上或特定的小间内，操作者可通过观察镜看到灯具的起落。有电动的，有手动的，电动的采用正反点动控制，手动的采用摇把，一般体积不大。绞车具有两个相同规格的卷筒（钢丝与电缆各一个），同轴转动，转速同步。配合土建时，已将管路送至绞车房，穿线时应将动力电源、照明电源的导线及控制按钮线引至绞车房的小配电控制箱内。

先将绞车安装在地脚螺栓上，找正找平固定好，在钢丝绳的拐角处安装好定滑轮，每点两组，一组是钢丝轮，一组是电缆轮，见图 4-32。A 点的滑轮应对正吊灯的位置。

然后丈量从地面到绞车的距离，确定钢丝绳的规格、长度及软电缆的长度，通常应加 20% ~ 30% 的裕量。

钢丝绳滑轮是按 3 ~ 5 倍灯重选择的，其固定点的挂钩

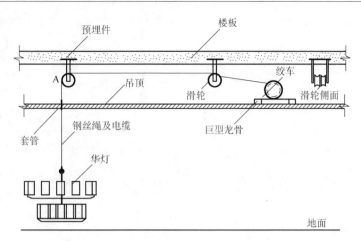

图 4-32　绞车、吊灯安装示意图

应满足长期负重的要求。一般应将挂钩预埋在房顶的楼板内，并与主筋电焊连接在一起，挂钩圆钢的直径应按计算直径的 1.5 倍选择。施焊焊工必须是持证合格焊工，必要时应做焊件强度试验或焊后进行 X 光照相。配合土建时应有技术人员监督。

②　把钢丝绳用放线架撒开，钢丝绳的卷盘应立放，不得平放，撒开后的钢丝绳应使其团盘的应力消除，不得有打扭现象，同时检查钢丝绳有无破损、断股、锈蚀、油干枯等现象。然后把钢丝绳按图穿入导轮并固锁在绞车的卷筒上。

钢丝绳的选择应按灯具质量的 3 ~ 5 倍选择，一般设备安装材料手册中都可以查到。

同样方法把软电缆撒开，穿挂在另一组导轮上，末端固定在绞车的卷筒上。但要注意，不得伤及线芯，预留 1m 的长度以便接线。电缆一般应选用橡皮多芯铜软线电缆，芯数应满足华灯分组控制及华灯负载电流的要求。

③　检查无误及消除应力后，在绳端系一重物，并在电缆端系一较小的重物，然后开动绞车试行，观察有无阻卡、跑偏及不妥，同时在滑轮轴上加少许机油。正常后，在绳端系一为灯具质量 2 倍的重物，同时将线端也系在重物的一端，但是应在绳撑紧后系，并有稍大的弛度。检查无误后开动绞车试行，并试验棘轮的闭锁装置是否可靠。正常后将其落于距地面 200mm 的悬空位置上静置 72h，观察各个部位有无不正常现象，如果有应修复。然后将重物升至灯具位置悬挂 72h 应正常。

④　一切正常后，将重物放下取掉，把华灯置于钢丝绳垂直落下的地面上，必要时可铺一软物以保护华灯。将华灯组装好，并按前述的分组控制方法将华灯的线接好，然后在绞车房测试电缆的绝缘电阻（线与线、线与绞车系统），正常后再进行绞车房内电缆的接线。

绞车卷筒上的电缆端头与控制电缆的接线通常是用轴头的集电环进行的，结构与绕线转子电动机的轴头相似，见图 4-33。接线前要测试集电环与集电环之间，集电环与轴之间的绝缘电阻，应大于 1MΩ，然后按动力电路中的方法检查电刷与集电环的接触情况，应正常良好。接线时先将电缆端的各线芯与各组的电刷接好，再把由控制箱引来的控制相线及零线对应各组电刷接好，其中零线必须接对。

控制箱内的接线以及电动机的接线在前面有详细讲述。华灯的控制由接触器完成，应将接触器的下端口对应于各组电刷接好即可。华灯的控制和电动机的控制均采用两地控制，即在绞车房和大厅都可控制。系统控制板面示意见图 4-34，电路图为两地操作的接触器控

制电路。

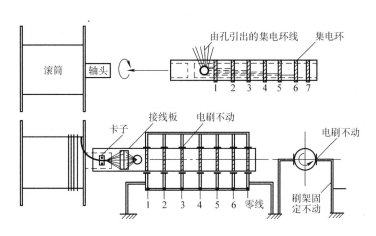

图 4-33　轴头集电环示意图

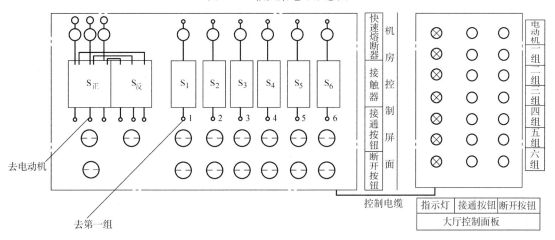

图 4-34　重型华灯控制电路图（以 6 组为例）

有的接线不采用集电环，而是直接连接，即将接触器的输出控制线直接与轴头的电缆分组接好。这样的接线只可以在将灯升起到顶部时才能进行，而当华灯放下前必须拆开线头才能将花灯放下，维修很不便。

接好线后应接通电源试灯，当各组的灯泡都发光正常，控制系统正常后即可将电源关掉，把钢丝绳和华灯的吊钩用卡子连接好，卡子不得少于 4 只。再将电缆头端与华灯扎紧，在任何情况都不应使接线头受到应力。当钢丝绳撑紧吃力后，电缆应比钢丝绳略长一点，任何时候都应有一定的弛度且不受外应力。

⑤　将系统详细检查一遍，所有的部位和元件都正常后即可进行起吊，且每个检查点都应派人监视。起吊至距地面 100mm 时应停止起吊再次检查一遍，确认无误后即可将华灯升至顶部，然后把绞车锁死。升至顶部后在吊顶的结合部位应与土建装修人员配合进行作业。

⑥　接通电源试灯应正常。整理绞车房并将其门加锁。清理现场，处理不妥之处。

（2）吊顶上灯具的安装

吊顶上安装灯具必须在土建装修人员的配合下进行，这里就电气元件的安装接线及部分配合作业做一详细讲述。

1）在龙骨或吊筋上将管、盒或线槽安装好后，即可将导线穿入，穿线时要注意灯具的分组控制方式。

① 分行控制：盒与盒之间导线根数为分行数加上一根零线，见图4-35。

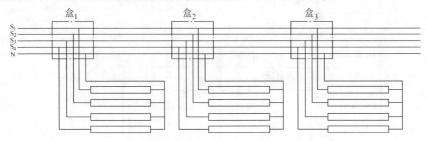

图4-35　灯带的分行控制示意图

② 分隔控制：盒与盒之间导线根数为相隔组数加2根导线，见图4-36。

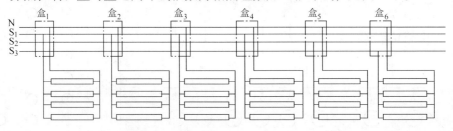

图4-36　灯带的分隔控制示意图

③ 统一控制：即不分组，盒与盒之间的导线根数为2，一零一相，见图4-37。

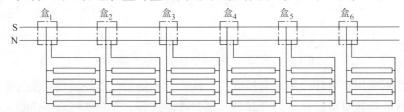

图4-37　灯带的统一控制示意图

2）测导线的绝缘电阻、导线编号，同前。

3）灯具的安装和接线：土建装修人员进行吊顶拼板时，即可将灯具安装在测量好的预留孔上，并将其与龙骨螺钉固定（木制龙骨用木螺钉直接固定，金属龙骨应先在安装孔位置钻孔套螺纹，再用机螺钉固定），灯具的排列必须整齐规则，与吊顶的结合处不得有空隙。质量较大的灯具（指质量大于3kg且数量较多者），应在混凝土顶板上预埋T形铁件，将灯具吊装在T形件下焊接好的圆钢上，且保证与吊顶的结合处没有空隙且排列规则整齐。

灯具安装好后应立即接线，盒内和灯具的接线方法和要求同前，但要注意以下几点：

① 从盒内或线槽上引至灯具的线应穿金属软管，金属软管应用卡子固定在所经过的龙骨上。

② 接线时应按分组控制方式接线，见图4-35～图4-37，图中省略了镇流器和辉光启动

器；白炽灯或其他灯具若分组控制，也可参考图 4-35～图 4-37 的接线。

③　某一层的吊顶灯具安装完后应立即接通临时电源试灯，若有不妥立即修复，因为土建装修撤离及脚手架拆除后，将会给修理带来不便。

④　接线时应使电源线尽量远离灯具外壳且线长应留有裕量。

⑤　矩形灯具的边缘应与顶棚面的装修直线平行，若灯具对称安装，其纵横中心轴线应分别在同一条直线上，偏差不应大于 5mm；荧光灯管应排列整齐，金属格栅片不应有弯曲扭斜等缺陷。

（3）楼道（楼梯间）灯的安装

楼道灯一般采用吸顶灯、壁灯、层高较大的也有采用吊灯或花灯的。控制方式有两种：一是集中控制，常用在高层建筑或大型建筑中，由控制室自动或手动控制；另一种是单独控制，用在一般的民用建筑中，单独控制时有的常用一灯两地控制，有的则用触摸延时控制或声光控制。

1）集中控制：灯具的安装同前，只是在每组灯的圆木或灯具壳上加一组瓷插式熔断器（或小型断路器，后同），控制的导线引至控制室的电缆沟内，接在总开关的下闸口；熔断器的安装一般是先在圆木或灯具壳上开孔，将导线中的控制线引出，然后将瓷插熔断器的底座用螺钉固定在上面，再将控制线接在上闸口，下闸口的线送至灯具即可。然后将熔丝上好，把熔断器的盒盖盖好。熔丝与螺钉的连接同单股导线与螺钉的连接见图 4-12。熔丝的选择应按灯泡总额定电流的 1.1 倍选择。

2）两地控制：采用两只单刀双掷开关，分别安装于每层楼梯进口处和该层楼梯上行的出口处。电源有的取自于该层的闸箱，有的和其他层楼道灯一块统一取自于配电间或首层的闸箱，前者常用于民用住宅，后者常用于公共建筑，且后者每组灯具应装设一只瓷插式熔断器。

由本层闸箱取得电源的楼道灯两地控制的接线见图 4-38。由配电间或首层的闸箱统一共用电源的楼道灯两地控制的接线见图 4-39。声光控制只将灯口换成声光控制灯口即可。

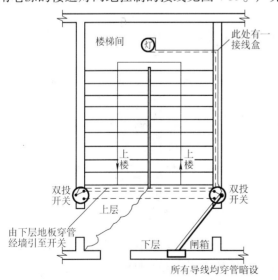

图 4-38　楼道灯两地控制接线图之一

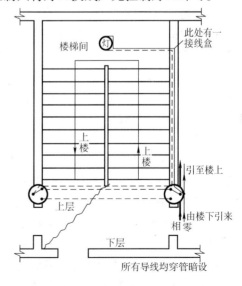

图 4-39　楼道灯两地控制接线图之二

灯具、盒内接线及要求同前。

（4）墙上弯灯的安装

墙上弯灯是最容易脱落的灯具，应采用底座铁板固定的方法。

1）在距接线盒边外 20～30mm 的墙上注入 4 根 ϕ6mm 的螺钉，出墙 20mm；或在墙上钻 4 个 ϕ7.2mm 的螺孔，采用 ϕ6mm 的膨胀螺栓；或用射钉枪射入 4 根 ϕ6mm 的射钉；其 4 点应为正方形的 4 个顶点，排列规则。

2）用 δ = 10mm 的铁板做一圆形底座铁板，直径为上述正方形对角线长加 30mm，并按其四角位置开孔 ϕ7mm，并在中心位开一进线孔 ϕ10mm，然后比对弯灯三脚腿的位置对称于中心位置再开 3 个固定孔，ϕ5mm，并用 ϕ6mm 的螺纹锥攻螺纹，室外安装开 ϕ7mm 的孔，用 ϕ8mm 的螺纹锥攻螺纹；也有直接开 ϕ6mm 或 ϕ8mm 孔的，但不攻螺纹，底座铁板见图 4-40。铁板应刷漆两遍。

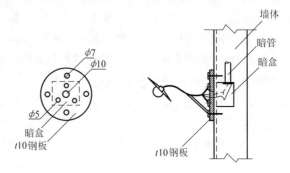

图 4-40　弯灯及其铁板底座安装示意图

3）将弯灯的导线穿入弯管内并与灯头接好，将弯灯的三脚座与铁板用螺钉固定牢固，并将弯灯的线穿过铁板中心孔，孔上穿套橡皮圈或绝缘套管，然后把线与盒内的线接好，接头跪进盒内，最后把铁板固定在墙上的四根螺钉上。

4）在弯灯下面墙上合适的位置用上述方法在墙上注一根螺钉，然后把弯顶的支撑装好。

5）必要时室内弯灯应在铁板上装一瓷插式熔断器；室外弯灯应在接线时串接一只室外低压熔断器。如室外气候环境恶劣，可适当加大螺钉和铁板的厚度，螺钉一般不超过 ϕ10mm，板厚度一般不超过 15mm。

（5）庭院柱灯的安装（详见第六章）

1）清理预埋管路，吹除管路，穿线及将地脚螺栓用油洗去或刷子刷去锈蚀，必要时应用板牙重新套扣。

2）将灯具安装在钢管柱子（高一般不大于 3m，直径不大于 100mm）的顶部，通常灯的底座与灯柱配套。接线同吊灯，并将线穿于柱内引至底部穿出，见图 4-41。

3）将底部护罩推上，把瓷插式熔断器用螺钉固定在管外的螺孔上，然后将电线管的线也从孔中穿出，并把管立起安装在底座上。

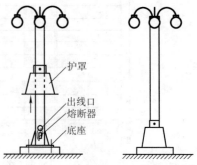

图 4-41　小型庭院柱灯安装示意图

4）将引来的控制相线接在熔断器的上闸口，灯具的控制相线接在熔断器的下闸口，引来的零线与灯具的零线作倒"人"字连接包扎好，然后把护罩放下，用螺钉固定好，见图 4-41。

广场、公路侧大型柱灯常采用水泥电杆或 ϕ300mm 以上的钢管支撑，护罩多为组合式安装，方法基本同上。柱灯的立柱必须垂直于地面。

（6）探照灯、投光灯及建筑物立面照明灯的安装（详见第六章）

这一类灯的安装，基本同柱灯，但有些则固定在支架上，支架或柱应牢固且垂直地面。灯具在支架上的固定是用螺栓固定的，接线同柱灯，安装好后把投光的角度调好即可。这些灯具必须每柱都装有熔断器。

这类灯具容量较大，使用的导线或电缆应符合额定电流的需要，最小不得小于 $6mm^2$；凡是在塔架上安装，其导线应穿钢管明敷；凡是在钢管柱顶部或水泥杆上安装，可把导线或电缆穿入钢管柱或水泥杆的内部。在混凝土杆上开孔应使用混凝土开孔机，开孔直径略大于导线或电缆线径即可，如能使用在加工制作时即在杆上预留孔的水泥杆最好。灯具的接线必须将导线接在灯具的接线柱上，接好线后应把线端的悬空线用绝缘带绑扎在构架上，以免风吹摆动而折断；控制方法一律采用集中控制。

4. 特殊灯具的安装及要求（详见第六章）

（1）手术台无影灯的安装及要求

固定螺栓的数量，不得少于灯具法兰盘上的固定孔数，固定螺栓的直径应与孔径配套，且固定螺母均须采用双母。在混凝土结构上，预埋螺栓应与主筋相焊接。手术无影灯的固定必须牢固可靠，必要时应作载荷试验。

手术无影灯备用电源的投入应为自动装置，有条件的应采用单独的 UPS 电源装置。接线时，灯具的灯泡应间隔地接在两条专用的电源回路上，导线全部使用额定绝缘电压不低于 500V 的多股绝缘铜线。

手术室内工作照明的灯具应分别接在两条专用的电源回路上。

（2）公共场所灯具的安装

公共场所的安全灯、诱导灯、应急照明灯应装设双灯泡，且应将其分别接在两条专用的电源回路上；高级的宾馆、饭店、会堂应装设 UPS 电源装置。

上述两条中的灯具接线时，特别是双灯泡或间隔接线采用两路电源时，必须加强接线头的包扎绝缘，通常应采用接线柱或端子接线，线头包扎时应包扎黄蜡绸 3~4 层，外层再包扎绝缘胶布或胶带。

（3）安全灯具的安装

安全灯具的电压不得超过 36V，固定灯具其管路的敷设及灯具的安装同前。行灯（手把灯、活动灯）的灯体及手柄应有良好的绝缘，坚固耐热、耐潮湿；灯泡与灯头结合紧固，灯头应无开关；灯泡外部应有金属网保护，金属网、反光罩及悬吊挂钩均应固定在灯具的绝缘部分上；在特别潮湿场所或导电良好的地面上或地面狭窄、行动不便及金属容器内，行灯的电压不得超过 12V。

36V 及以下照明变压器的安装应固定在支架上或配电箱内，其一次侧应装设熔断器，熔丝的额定电流不应大于变压器的额定电流，其外壳、铁心和二次侧的一端或中性点，均应可靠接地或接零。

行灯使用的导线，宜采用橡套软电缆，接地线或接零线应在同一护套内；固定安装的安全灯，使用的导线额定绝缘电压应不小于 500V。

（4）金属卤化物灯（钠铊铟灯、镝灯等）的安装

安装标高至少在 5m 以上，且应固定在金属架上；电源线应经接线柱连接，且不得将导线靠近灯具的表面；灯管必须与触发器和限流器配套使用。导线的敷设同前。

（5）建筑物节日彩灯的安装

1）屋顶平面上的彩灯已在配合土建时将电源管预埋至屋顶，穿线、管口装防水弯头；在屋顶沿其边缘每隔0.6m的安装位置上置一彩灯底座，然后用钢管插入底座两侧的孔内将底座连接起来，内侧用电焊将管口与底座点焊连接；如在安装底座及管路处有防雷线，则应将彩灯放置在防雷线的内侧。在布管的内侧，用射钉枪射入一φ4mm的射钉，用来装置管卡子，将管固定在屋顶上，见图4-42。穿线、装灯、接线同前，节日彩灯必须有防雨玻璃罩。通常应在屋顶电源管出口处的相线上加装一只220V氧化锌避雷器。

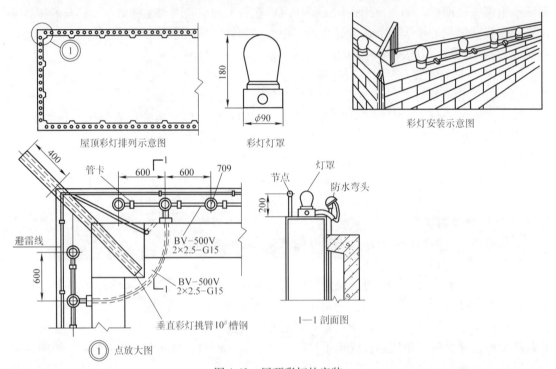

图4-42　屋顶彩灯的安装

2）建筑物立面的彩灯一般采用悬挂式的安装，见图4-43。目前，市场上建筑物彩灯的形式很多，可按其要求进行或由装饰图样决定安装方式。

3）立面投光照明的安装：高层建筑立面投光照明的安装基本同庭院灯，只是需要将灯具装置在角钢或槽钢构架上，或者落地平台上安装，其接线一般经过端子，装好后应将灯具的投光角度调整好，见图4-44。有时也采用柱灯的形式，在柱顶部焊接一块钢板，把投光灯固定在上面。

（6）钢索吊灯的安装

1）钢索的安装：钢索通常吊挂在两个耳环之间，耳环可预埋，也可用抱箍装设在柱、梁或钢架上。

先将钢索的一端用卡子固定在耳环上，和耳环的接触部位应设置心形环，卡子一般不少于两只，跨度较大者应用三只卡子。再把钢索的另一端经过花篮螺栓挂在另一只耳环上，钢索和花篮螺栓的连接同耳环连接。这时花篮螺栓应将其螺栓的螺纹拧出。然后拧紧花篮螺栓将钢索撑紧，见图4-45。

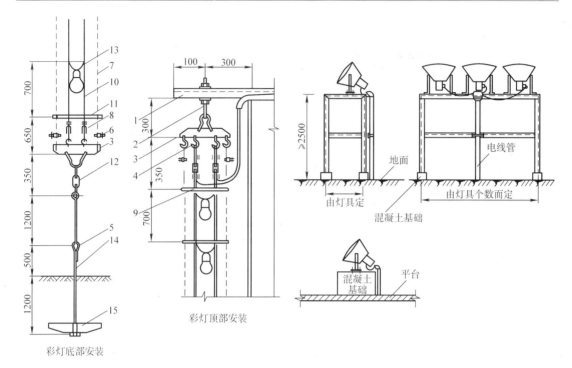

彩灯底部安装

彩灯顶部安装

图 4-43　悬挂式彩灯的安装示意图　　　图 4-44　立面投光照明灯的安装

1—垂直彩灯悬挂挑臂 10# 槽钢　2—开口吊钩螺栓

ϕ10mm 圆钢制作上、下均附垫圈、弹簧垫圈及螺母

3—梯形拉板，300×150×5 镀锌钢板　4—开口吊钩

ϕ6mm 钢制作与拉板焊接　5—心形环 0.3#

6—钢丝绳卡子 Y1-6 型　7—钢丝绳 X-t 型，直径

4.5mm，7×7=49　8—瓷拉线绝缘子　9—绑线

10—RV6mm^2 铜芯聚氯乙烯绝缘线

11—硬塑料管 VG15×300　12—花篮螺栓 CO 型 14#

13—防水吊线灯　14—底把，ϕ16mm 圆钢

15—混凝土底盘

2）安装灯具电缆：将升降梯升至耳环位置，将小滑轮挂在钢索上，同时将小绳、灯具、橡皮电缆按图 4-46 的位置及间距系在小滑轮上，最后将小绳的两端分别系在两端的耳环上。这样在更换灯泡或维修时即可用小绳将灯具拉至一端，进行修理，然后又可用小绳将吊灯拉至原来的位置。接线时不要将电缆断开，只是把电缆绝缘剥去 50mm（间隔剥去，两接头要错开 50mm），然后从线芯上接出两截短线与灯连接，最后包扎好绝缘。橡皮电缆必须充分地消除缠绕的应力，不得有弯。

其他配线的安装示意见图 4-47～图 4-49。

3）钢索吊灯常用于大型工业厂房、层高较高的大型房间以及广场等场所，在安装时应注意以下几点：

①　钢索的终端拉环应固定牢固，并能承受在全部负载下的拉力；通常应使用镀锌钢索，不得使用含油芯的钢索；在潮湿、有腐蚀的场所，应使用塑料护套钢索；钢索的单根钢丝直径应小于 0.5mm，且不得有扭曲和断股现象；有时候可使用圆钢作钢索，在安装前应调

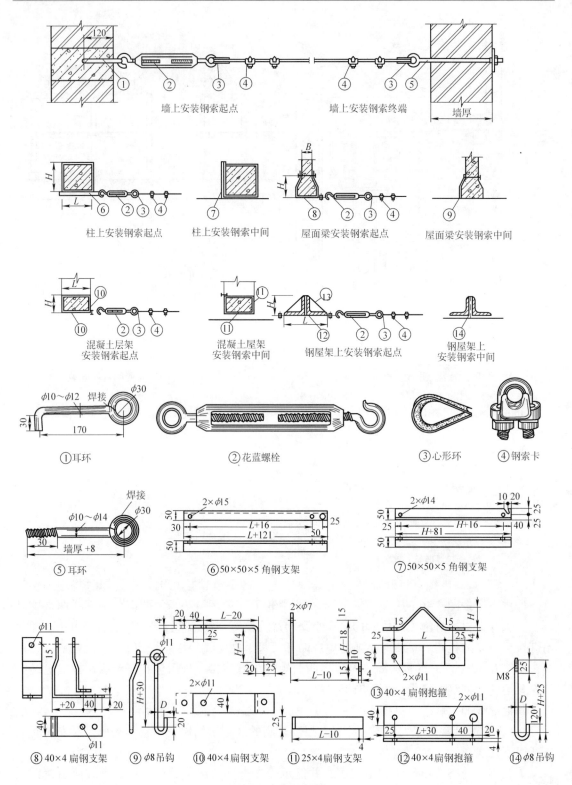

图 4-45　钢索的安装

注：图中 H、B、M、L 的尺寸按构筑物的实际尺寸配制。

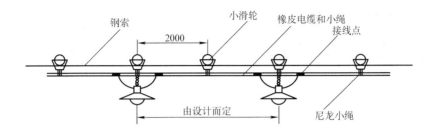

图 4-46　钢索吊灯的安装之一

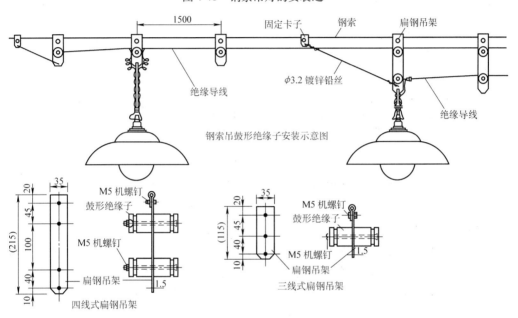

图 4-47　钢索吊灯的安装之二

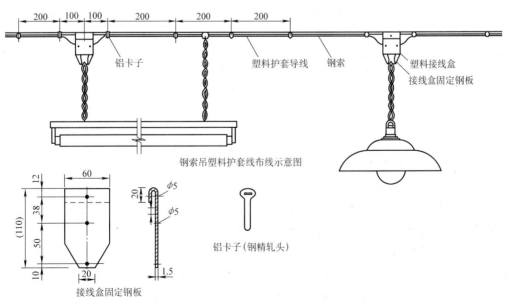

图 4-48　钢索吊灯的安装之三

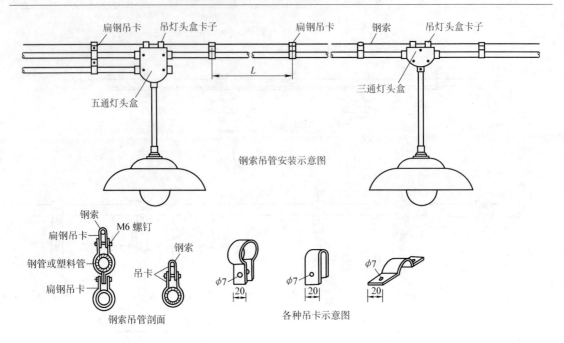

注：1. 钢索吊钢管时，$L < 4500\mathrm{mm}$；吊塑料管时，$L < 1000\mathrm{mm}$。2. 扁钢吊卡厚度为1mm。

图4-49　钢索吊灯的安装之四

直、预拉伸和刷防腐漆。

②　钢索长度为50m及以下时，可在一端装花篮螺栓；超过50m时，两端均应装花篮螺栓，且每超过50m时加装一个中间花篮螺栓。钢索在终端固定处，卡子不得少于2只，钢索的终端头应用金属丝扎紧。

③　灯具为固定式安装时，可在钢索中间用直径不小于8mm的圆钢作吊钩，间隔不大于12m，且保证弧垂不大于100mm。

④　钢索上各种支持件间及与灯头盒间、瓷柱配线线间的距离应符合表4-2的规定。

表4-2　钢索配线零件间和线间距离

配线类别	支持件最大间距/mm	支持件与灯头盒间最大距离/mm	线间最小距离/mm
钢管	1500	200	—
硬塑料管	1000	150	—
塑料护套线	200	100	—
瓷柱配线	1500	100	35

（7）航空障碍灯的安装

航空障碍灯通常安装在建筑物或构筑物顶上的金属塔架上，且应在避雷针的保护范围之内，管路应点焊在塔架上，灯具的金属部分要与塔架进行良好的电气连接，灯具的固定要牢固可靠，屋顶电源出线口处应加装220V避雷器。建筑物较高时，其中间部位也应安装障碍灯，并用金属网加以保护，金属网、灯具金属部分应共同接地。安装示意见图4-50。

烟囱高度在100m以上者，为减少烟尘对灯具的污染，障碍灯应装设在低于烟囱口4～6m的预埋支架上，同时在1/2烟囱高度装设一组障碍灯，每一高度同时装设3只且呈正三角形排列。管路可点焊在爬梯上或单独设立。

　　导线宜采用软铜线，顶端的障碍灯应用闪光灯；每只障碍灯内至少装 2 只灯泡。障碍灯应采用 2 路单独的电源。控制方式通常为自动控制（光电控制或时间控制），光电控制器应随灯装设在最高点，时间则由控制箱内的时间程序控制。障碍灯的控制盘应有明显的标志。障碍灯本身具有防水功能，但安装前应彻底检查。

　　（8）霓虹灯的安装

　　霓虹灯管发光是由于管内充满不同惰性气体，在两端电极上加上高电压而产生辉光放电所致成不同颜色。霓虹灯的安装就是将灯管煨制成一定的形状而固定在装潢板上。因此，是和装潢工程一道进行的。

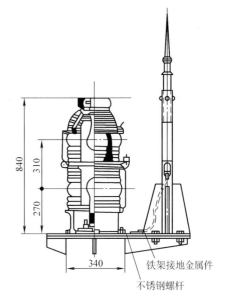

图 4-50　障碍灯安装示意图

　　1）设计图案或字体，并将灯管煨制成图案或字体的轮廓。煨制一般用喷灯烤红灯管，然后轻轻煨弯，要掌握火候，过火或欠火都会导致破碎。煨制前最好用同径的玻璃试煨。无论几何图形如何，灯管的两端一般都煨回成钩形状，见图 4-51，钩的长度最短不小于 50mm。

　　2）在装潢板或构架上先固定图形或字体，通常用地板胶粘接并从背后板上用螺栓紧固。然后延图形或字体轮廓安装灯管的支撑。支撑一般用玻璃制成，上有螺纹，以便绑扎，长不过 100mm，见图 4-52。支撑的间隔按图形而定，图形字体复杂时可间隔小一点，简单时可长一点，拐角处、中心处应有支撑，且支撑是随意的，最大间隔（直线段上）不大于 500mm，最小间隔（复杂字体）不小于 100mm。支撑的固定先穿入从板后穿来的穿钉上，然后再用细铁丝在支撑上缠绕几圈，再把细铁丝的两端用螺钉固定在装潢板上，见图 4-52。

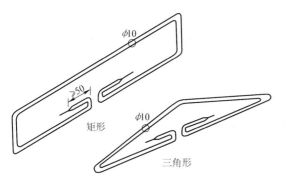

图 4-51　灯管两端煨成钩状

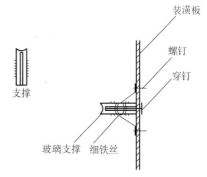

图 4-52　灯管的支撑

　　3）变压器一般安装在装潢板后的支架而隐蔽起来，电源管或电源插座盒已由配合土建完成并由控制间送至变压器处。变压器一般使用单相 220/15000V，450V·A，电流 2.05/0.03A，可供 ϕ12mm 灯管长 10m，也可供 ϕ6～8mm 灯管长 8m（灯管越细，管压降越高）。可根据灯管的规格、长短，确定变压器的台数，各台变压器容量之和即为总容量。总容量不超过 4kW 时可用单相供电，超过 4kW 的大型霓虹灯应采用三相电源，这时变压器应均匀分配在各相上。

控制间内的盘上一般有电源总开关、定时开关和接触器。接线见图4-53，如经常变换图形，则可用程序控制器按一定顺序接通某些图形字体即可。

在变压器的安装现场，在其低压侧安装一只隔离开关，维修时可将其断开。

4）安装灯管：将煨制好的图形或字体的各个部分按原支撑布置方案安装在支撑上，一般用细铁丝绑扎即可，但必须牢固。先用铁丝在螺纹上缠紧，然后打十字将管系牢，见图4-54。

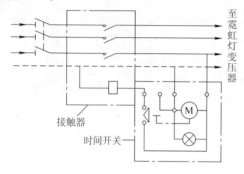

图4-53　控制盘接线图

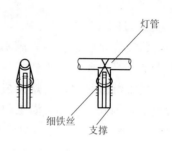

图4-54　灯管在支撑上的绑扎

5）接线：根据图形、字体先将每台变压器供电所灯管串联起来，导线一般用0.5mm²的裸铜线，外面套上细玻璃短管，或采用额定电压不低于15kV的高压尼龙绝缘导线。和灯管电极的连接可用气焊焊接或绑扎好后镀锡，连接线宜悬空放置，并且要将其撑紧撑直，接好后不得摆动。然后将串联好的灯管的头尾与变压器高压侧用上述方法连接，这样就要求分组时尽量集中，且把头尾放在距变压器最近的地方。

6）接好线后须经仔细检查无误时，可接上临时电源试灯，必要时先进行20000V耐压试验，如果出现爆管、虚接、打火、不亮等故障要及时修复。试灯时最好在晚上，这时容量发现故障点。

（9）水下照明装置的安装

水下照明是和喷泉系统的喷嘴、压力泵结为一体安装的。灯具采用防水密封措施的投光灯，灯下是固定三脚支架，可以随意移动，各组灯的引线由水下接线盒引出，用软电缆相连。水下接线盒接好线后，不宜拆动，控制方式为集中控制。

（10）舞厅、舞台照明及调光装置的安装

舞厅照明为多层次照明系统，安装基本同前，但光源多、变换多。这类照明严禁乱拉乱接，必须按标准规范安装，杜绝火灾发生。

舞台照明常采用调光设备，光源多，如面光、侧面光、耳光、顶光、顶排光、柱光、脚光、侧光、天排光、地排光、流动光等，可根据需要架设且安装灯具，电缆较多时应架设电缆桥架引自控制室。控制室安装基本同动力控制室安装。

其他新型灯具或特殊灯具应按说明书进行安装。

5. 单相电气设备的安装

单相电气设备主要有吊扇、壁扇、排气风扇、小型通风机、暖风机、窗式空调器、立柜式空调机组、电热器、冷冻电器、炊事电器、医疗电器等，其中多数采用单相插座的电源（也有采用三相电源的），电压有220V的，也有380V的，因此接线时必须注意电气设备的额定电压。凡有电动机的单相电器，应先测试电动机，主要项目有绝缘电阻、直流电阻、轴颈上下前后窜动、风叶的转动方向、转子转动有无音响阻卡以及电流等，详见本书第二章"四、照明电路及单相电气元件测试试验技术方法"中电动机测试相关内容。

（1）吊扇的安装

吊扇挂钩的直径不得小于悬挂销钉的直径，最小不得小于 10mm。预埋在混凝土中的挂钩应与主筋焊接，无条件焊接时，应将挂钩末端弯曲后与主筋绑扎，固定牢固；吊杆上的悬挂销钉必须装设防振橡皮垫及防松装置，把螺母锁死或用销子锁好；扇叶距地面高度应大于2.5m；吊扇组装时严禁改变扇叶的角度，扇叶的固定应有防松装置；吊杆之间、吊杆与电动机之间，螺纹连接的啮合长度不得小于 20mm，并且有防松装置。吊扇的接线是将电动机几个绕组的所有端头及抽头从接线盒或出线端口引至电扇调节开关，并按高速、中速、低速的顺序分别接在吊扇的调整开关内的转换触头上，通常吊扇说明书上已标明导线的颜色，并用其来表示转速的高低，而调速开关一般随吊扇成套供应，对应接线即可，最后把开关的进线接在由闸箱引来的 220V 电源上即可。调速开关接线见图 4-55，调速开关的安装一般固定在墙上的接线盒上，电源线由盒内引来。电扇与屋顶的连接见图 4-56。

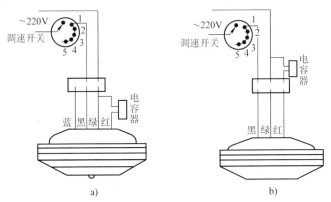

图 4-55　电扇调速开关接线示意图

a）配 900mm 吊扇的调速开关接线　b）配 1400mm 吊扇的调速开关接线

（2）排风扇、壁扇、换气扇的安装

排风扇、壁扇、换气扇一般都安装在墙上或窗上的预留孔内，固定要牢固，螺钉应有防松装置，接线同吊扇。

单相电动机及设备装好以后应用临时电源试转，测试电流应在额定值之内，转向符合要求。如果反向转动，除有的可以改变设备的安装位置外（转 180°），对于不能改变安装位置的，可将电动机绕组的接线打开，把内部运转绕组或起动绕组任意一组的头尾对调，电动机即可改变转向，见图 4-57。

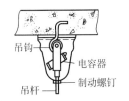

图 4-56　电扇与屋顶的连接

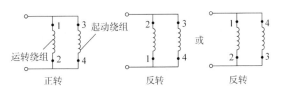

图 4-57　单相电动机的换向方法

（3）其他单相设备安装

其他单相设备应将电源插座安装在设备位置附近即可，插座的形式（单相两孔、单相三孔）及电源的电压应符合设备的额定电压。接通电源后应测试设备的工作电流，应在额定电流的范围之内，且声响、振动、温升正常。除了家用的单相设备外，单相设备每台应有开关和熔断器，要一机一闸，管路设置及导线同照明电路。

二、明装线路及灯具、开关的安装

有些建筑物或工业车间由于条件的限制或者是在旧有的建筑物增设或改造的电路都采用明装线路，但电气设备的安装、接线、调试同上，只是线路的敷设方法不同。明敷的方法很多，现介绍以下几种。

（一）钢管明设

1）划线确定管路、灯具、设备、开关或控制器、闸箱或开关柜的位置。确定位置时要避开热力管道、热源及对电气运行有影响的因素，管路直，尽量走捷径。

2）对于混凝土结构的墙或屋顶可用射钉枪将射钉打入安装位置，用来固定管卡子、支架、灯盒、开关盒及闸箱，卡子、灯盒、开关盒的射钉不得少于2根，支架至少3根，闸箱至少4根，其规格应和被固定件的质量对应相符。

管子的固定点应间隔均匀，管卡子与管终端、转弯中点、电气元件、接线盒边缘的距离为150～500mm，中间的管卡子最大距离应符合表4-3的规定。使用射钉枪时必须戴手套，并用身体顶住枪把，枪筒必须与固定面垂直，才能扣动扳机，也可在配合土建中预埋T形铁件，安装管路时即可在铁件上焊接直径相宜的螺钉，用以来固定卡子及元件，要求同前。

表4-3　钢管中间管卡最大距离

敷设方式	钢管名称	钢管直径/mm			
		15～20	25～30	40～45	65～100
		最大允许距离/m			
吊架、支架或沿墙敷设	厚钢管	1.5	2.0	2.5	3.5
	薄钢管	1.0	1.5	2.0	—

3）对于砖混结构可用冲击钻在墙上钻孔，然后埋注螺栓。使用冲击钻时，钻头应与固定面垂直。也可使用膨胀螺栓，管径较小时可采用塑料胀管。膨胀螺栓、塑料胀管的使用见图4-58。

4）管路较多时，可将角钢、槽钢支架先预制好且在固定管的平面上按管子的外径开好孔，然后把支架焊接在T形铁件上或埋铸在墙上。支架的固定标高必须一致，固定牢固。布管时再将管子用卡子固定在支架上，卡子见图4-59。

5）管子应选择质地较好的直管，不得有折扁、裂纹，管内无铁屑、毛刺。用于潮湿场所或埋于地下部分的应选用厚壁管，干燥场所宜使用薄壁管，化工场所应使用镀锌管或不锈钢管。管子应进行除锈、刷漆处理。

6）将灯头盒、开关盒、闸箱及其他接线盒用螺母固定在预先测好且埋铸螺栓的位置，其应正与平，否则应将元件的固定孔用圆锉修整合适，并调整正与平，不得用气焊气割。

7）丈量盒与盒、盒箱之间的距离（这里要注意加上进盒或进箱套丝的尺寸及煨弯的尺寸），下料、套丝，然后将管安装在盒与盒或盒与箱之间，盒与箱外侧的管口处用锁紧螺母锁紧，盒与箱内侧的管口用护圈帽锁紧，因此要求露出锁紧螺母的螺纹为2～4扣。

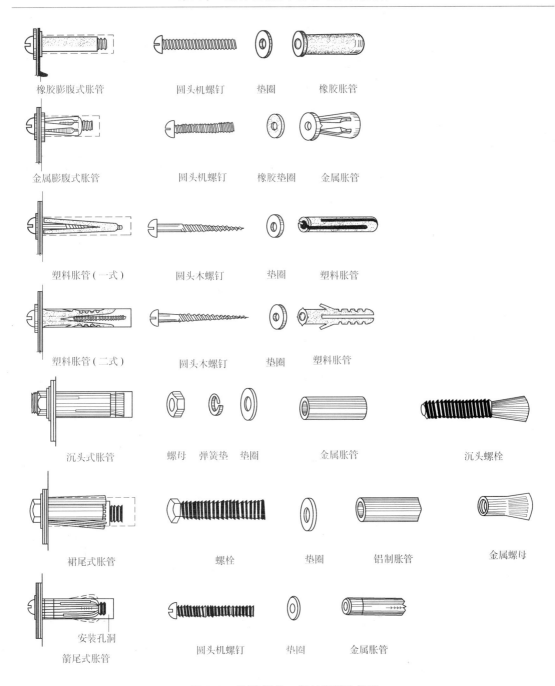

图 4-58　膨胀螺栓、塑料胀管的使用

　　管子的连接应用管接头并在管口套丝连接，管路较长且超过规定时，可用接线盒连接。管与盒、管与箱、管与管丝接好后，要焊接接地跨接线，跨接线小管一般用 8# 铁丝，大管一般用 ϕ6mm 圆钢，用电焊点焊牢固即可，见图 4-60。

　　管子弯曲处不应有折皱、凹陷和裂缝，弯偏度不应大于管外径的 10%，弯曲半径不小于管外径的 6 倍，如只有一个弯时，可不小于管外径的 4 倍。管子排列应整齐、横平竖直，在 2m 以内允许偏差均为 3mm，全长不应超过管子内径的 1/2。多根管排列时弯曲半径应保持一致。

管子在支架上的安装见图4-61～图4-64。

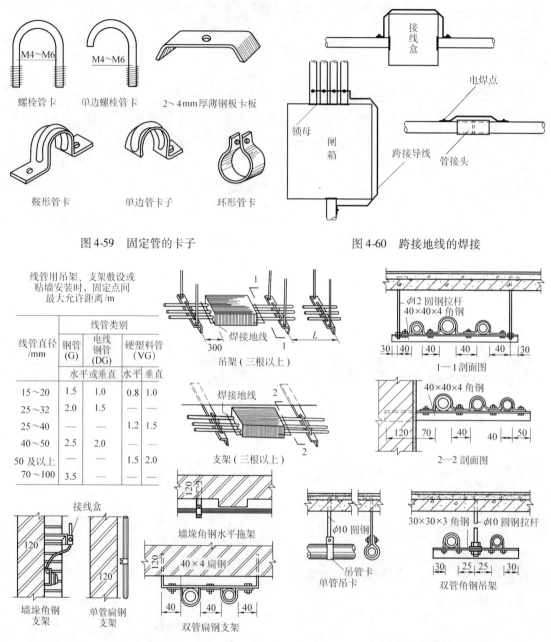

图4-59　固定管的卡子　　　　　　　　图4-60　跨接地线的焊接

图4-61　管子在支架上的安装（一）

这里要注意，明装管路不允许将管子直接焊接在支架或预埋件上，管子不允许焊接连接。

8）钢管与设备连接时，应将管子敷设到设备内，如不能直接进入时，干燥场所可在管出口处加保护软管引入设备，管口应包扎紧密严实；在室外或潮湿场所可在管口处装防水弯头，由防水弯头引出的导线应套绝缘保护软管，经弯成防水弯后再引入设备；通常明装管路的管口距地面高度一般不宜低于2000mm。

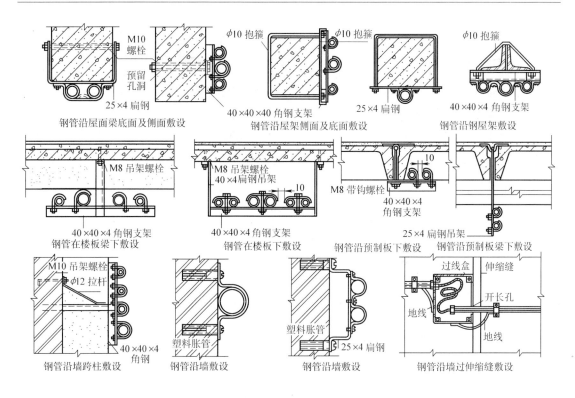

图 4-62 管子在支架上的安装 (二)

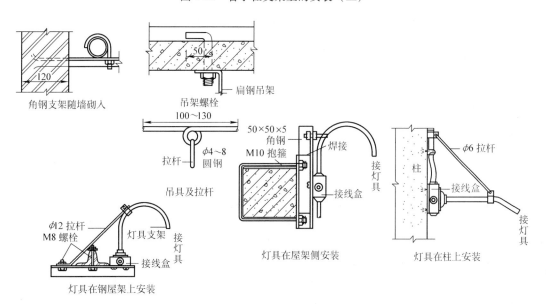

图 4-63 管子在支架上的安装 (三)

用金属软管引入设备时,软管与钢管或设备连接应用软管接头连接;软管距离大于 2m 时,中间应加固定点,间距 1m;不得利用软金属管作为接地体。

9) 明设管路时,落地式配电柜、开关柜的安装同动力电路,从柜内引出引入的管路可经柜上引入或引出,也可埋地引入或引出。

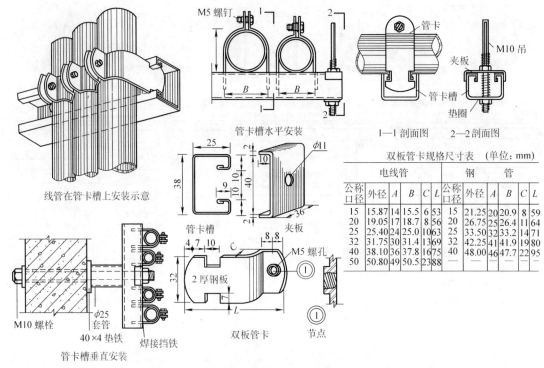

图 4-64　管子在支架上的安装（四）

注：1. 每副管卡其中一块为 φ7 孔，另一块先经冲孔后再套 M5 丝孔。

　　2. 双板管卡及管卡槽的材料，除钢板制品外，采用塑料制作时应为硬质尼龙塑料制品。

10）灯具安装基本同暗装线路，也可采用图 4-63 中的形式。

（二）硬塑料管明设

硬塑料管明设常用于室内或有酸、碱化工腐蚀，温度不低于 −15℃ 的场所，且不得在高温或易受机械损伤的场所使用。

敷设方法及要求基本同钢管敷设，需要说明的是钢管只能与铁盒配套使用，而硬塑料管应用塑料盒配套使用，也可使用铁盒。另外要注意以下几点：

1）硬塑料管的连接处应用胶合剂粘接，接口必须牢固严密。当采用插入法连接时，插入深度为管内径的 1.1～1.8 倍，被插的管口应用喷灯烘烤加热，且随烘随试插，不要加热过度，加热时应转动管口，使之受热均匀；当采用套管套接法时，套管的长度为被连接管内径的 1.5～3 倍，被连接管的对口处应在套管的中心。套管的内径应为被接管的外径。两种方法见图 4-65。

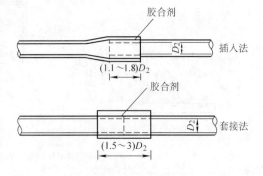

图 4-65　塑管的连接方法

2）在直线段上敷设时，每隔 30m 应装设软波纹管的补偿装置，长度一般不超过 300mm。

3）管子的固定点要求见表 4-4。

4）塑料管穿过楼板时应用钢管进行保护，保护高度距楼板面不得小于500mm。

表 4-4　硬塑料管中间管卡最大距离

最大允许距离/m　　　　硬塑料管 敷 设 方 式	内径/mm		
	20 以下	25 ~ 40	50 以下
吊架、支架或沿墙敷设	1.0	1.5	2.0

5）塑料管需要埋地时，露出地面段的500mm应用钢管保护，埋地部分受力较大处应使用厚壁的重型管或用钢管保护。

（三）槽板的敷设

木槽板、塑料槽板配线只适用于干燥、办公、民用场所，使用的绝缘导线的额定绝缘电压不应低于500V。灯具一般为轻型灯具和小型开关件。

1）划线确定元件位置同钢管明设。

2）按照确定好的元件及槽板途径的位置用冲击钻在元件位置和槽板途径每隔500mm钻一深度小于100mm的孔，其直径应按使用的塑料胀管的直径确定，一般孔径应稍大于胀管直径即可。

3）将塑料胀管置于孔内，用两条木螺钉先将固定开关、灯具的圆木固定好，且将圆木的进出线端开两个小槽，小槽的间距为槽板线槽间距，小槽截面积的大小不大于导线截面积。这里要说明一点，元件较重时应用三条塑料胀管螺钉固定，必要时要用膨胀螺栓来固定较重的灯具或元件。

4）将槽板的底板用螺钉固定在划线位置的塑料胀管处，槽板的设置必须直，在和圆木的交接处，应将其锯成圆弧形，弧度应和圆木的圆度相符，底板的接头部位应锯成45°对接，底板的拐角部位也应锯成45°对接，底板的分支部位也应锯成45°的形式，详见图4-66。

5）布线时先将导线撑直，并准备好盖板，从电源端开始将导线嵌入线槽，并随时把盖板盖上，盖板与底板对齐后即用木螺钉将盖板与底板紧固好。二线槽用单条螺钉固定，三线槽用两条螺钉固定。当导线进入开关或灯具圆木时，先将导线穿入开关吊盒接线的穿线孔，然后用木螺钉将开关吊盒固定在圆木上，同时把导线嵌入圆木刻好的槽内，然后把导线压入槽板的线槽内。当盖板做到此处时，同样锯成与拉盒、吊盒同径的圆弧而紧固好，最后将导线接在元件的端子上。盖板的连接、转角、分支做法同底板，但连接时应与底板连接处错开20mm以上。槽板进入拉盒、插座圆木的做法见图4-66。

盖板的固定点间隔应小于300mm，底板离终端50mm及盖板离终端30mm处，均应固定。

6）槽板敷设应横平竖直，一根槽板内应只敷设同一回路的导线，在较宽的槽内只能敷设同相的导线，在槽内不得有接头，不得受挤压。当导线必须在槽板上进行接头时，应在接头处将槽盖钻两只孔，将需要接头的导线引出，在盖外进行，一般为倒"人"字接头。

7）槽板进入开关板、连二木或闸箱时，应将槽板敷设进开关板、连二木或闸箱占据的安装平面内，开关板、闸箱可进入100mm，连二木可进入30mm，同时在开关板、连二木或闸箱的二层底上按照元件安装位置开进线孔。然后把开关板、连二木或闸箱与槽板的结合处按槽板的宽度、厚度（底和盖）锯一个缺口，然后把开关板、连二木、闸箱骑在槽板上且把缺口对准槽板，用螺钉或螺栓将开关板、连二木、闸箱固定好即可。这里要注意，闸箱应

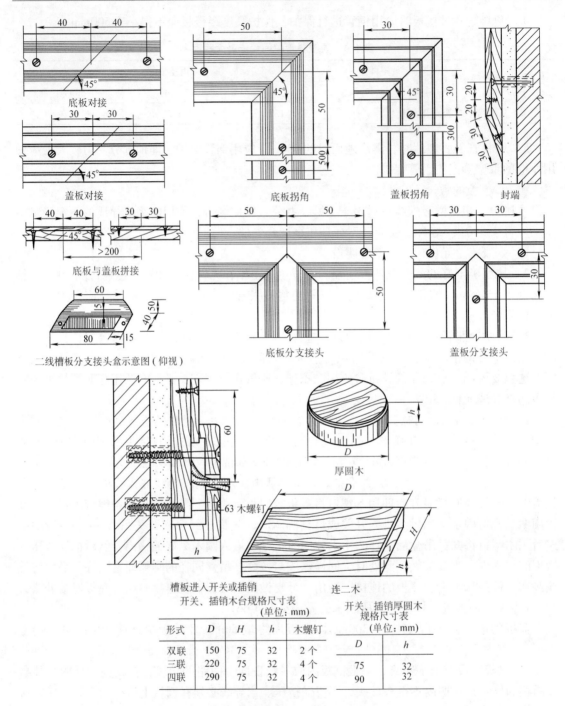

图 4-66　槽板配线及安装示意图

注：1. 每槽内只允许敷设一支导线，最大截面积为 6mm²。

2. 槽板底刷防腐油漆，敷线槽刷绝缘油漆，盖板刷与墙壁同颜色油漆。

使用膨胀螺栓固定。电气接线及灯具、电器元件安装同前，见图 4-67。

槽板配线的安装，也可在建筑物中按照线路的敷设途径及灯具、开关的安装位置处预埋木砖，木砖应为梯形且刷防腐漆，见图 4-68，安装时即可把槽板、圆木用螺钉固定在木砖上。

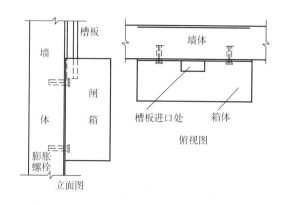

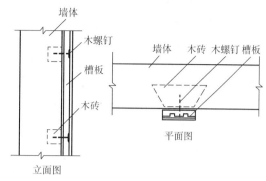

图4-67　将槽板引入闸箱示意图　　　　图4-68　木砖固定方法

（四）塑料护套线配线

塑料护套线适用于干燥的场所明设，常用于民用建筑之中，任何时候不得直接埋入建筑物的抹灰层内或在室外露天场所明配。

塑料护套线明配时应划线且确定元件安装位置，其在墙上、屋顶的固定必须用塑料膨胀螺钉或预埋木砖。塑料护套线明配时应注意以下几点：

1）线卡的固定距离应根据导线截面积的大小而定，一般为150～250mm，线卡应选用塑料或尼龙制品且与护套线配套使用的专用卡子，形状为"Ω"形，其圆弧将线卡住，其平面处即可用螺钉或直钉钉在木砖上。

2）在终端、转角及进入电气器具、接线盒处，均应设线卡固定，线卡与终端、转角中点、电具或接线盒边缘的距离为50～100mm；转角的弯曲半径不应小于导线外径的3倍；导线应横平竖直，不得有松弛、扭绞和曲折的现象；当与接地体及不发热的管道紧贴交叉时，应套绝缘管保护；在易受机械损伤的场所或部位敷设时应用钢管保护。

3）在中间接头和分支连接处应用与线配套的塑料接线盒进行，且将接线盒固定牢固，在多尘和潮湿的场所应使用密闭式接线盒，导线进入接线盒或与电具连接时，护套层应引入盒内，接线应用压线帽进行，接线盒的外形尺寸见图4-69。

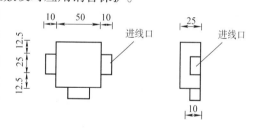

4）塑料护套线引入开关板或闸箱时，可在
图4-69　塑料护套线接线盒外形尺寸
板或箱的进线处开与导线外径相等的孔，多线并列时必须排列整齐。

（五）瓷件配线

瓷件包括针式绝缘子、鼓形绝缘子（俗称瓷柱）、瓷夹板，适用于室内外、木结构民用或小型工业厂房的动力及照明线路的明设。

1）划线确定线路途径、元件安装位置同前，在固定鼓形绝缘子、瓷夹板的部位应预埋木砖，或采用塑料膨胀螺钉，固定针式绝缘子的部位应预埋钢制横担或支架。

2）将成盘的导线放开撑直，先将直线段一端的导线与瓷件固定或绑扎好，然后在另一端将导线撑紧且导线应进入瓷件的紧固或绑扎槽的位置，再将导线紧固或绑扎好。

3）导线经过热源应尽量远离，或将此段线路做成暗装。导线的穿墙、交叉做法是在该段导线上套绝缘管，见图4-70。导线在针式绝缘子、鼓形绝缘子上的绑扎方法见图4-71。动力或三相四线制配线见图4-72。

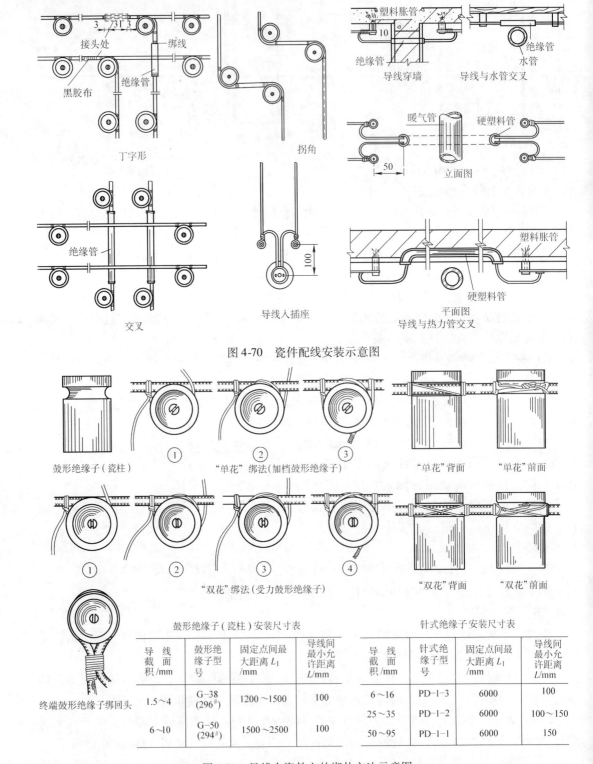

图 4-70 瓷件配线安装示意图

鼓形绝缘子(瓷柱)安装尺寸表

导 线 截 面 积 /mm	鼓形绝缘子型号	固定点间最大距离 L_1 /mm	导线间最小允许距离 L/mm
1.5~4	G-38 (296#)	1200~1500	100
6~10	G-50 (294#)	1500~2500	100

针式绝缘子安装尺寸表

导 线 截 面 积 /mm	针式绝缘子型号	固定点间最大距离 L_1 /mm	导线间最小允许距离 L/mm
6~16	PD-1-3	6000	100
25~35	PD-1-2	6000	100~150
50~95	PD-1-1	6000	150

图 4-71 导线在瓷件上的绑扎方法示意图

4）接线方法：在直线段的分支线采用 T 形，见图 4-73；在终端采用倒"人"字形，在鼓形绝缘子处采用丁字形，见图 4-70。

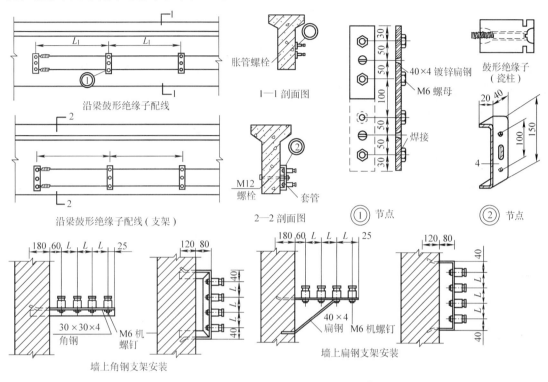

图 4-72　动力或三相四线制的配线安装示意图

注：图中 L、L_1 尺寸要求见图 4-71 表内数字。

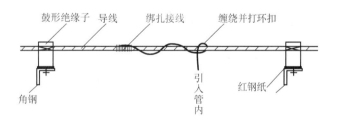

图 4-73　直导线的 T 形接线示意图

5）瓷件配线应注意以下几点：

①　敷设的导线应平直，无松弛现象，导线的转角应为 90°且不应有损伤；当线路交叉时，应将其中靠近建筑物的那条线路的每根导线穿入绝缘管内；用绑线绑扎导线时，应先包扎保护层，绑扎时不得损伤导线。

②　导线转角，分支或进入电具时，应有支持瓷件，支持瓷件与转角中点、分支点或电具边缘的距离，如使用瓷夹板配线为 40～60mm，如使用鼓形绝缘子配线为 60～100mm。

③　室内绝缘导线与建筑物表面的最小距离，如使用瓷夹板应不小于 5mm，如使用鼓形绝缘子、针式绝缘子配线应不小于 10mm；在室外，雨雪能落到导线上的地方一般不用瓷夹板配线和鼓形绝缘子配线，应使用针式绝缘子配线，针式绝缘子不得倒装。

④ 导线在室内沿墙壁、顶棚敷设时，其支持固定点的距离应符合表 4-5 的规定，跨越柱子、桁架敷设时，其支点的距离由导线的材质、截面积决定，见表 4-10。

表 4-5　室内沿墙壁、顶棚支持件固定点距离

允许最大距离/mm　　　导线 ⟍ 配 线 方 式	线芯截面积/mm²				
	1 ~ 4	6 ~ 10	16 ~ 25	35 ~ 70	95 ~ 120
瓷夹板配线	600	800			
鼓形绝缘子配线	1500	2000	3000		
针式绝缘子配线	2000	2500	3000	6000	6000

⑤ 室外配线时，绝缘导线至建筑物的最小距离见表 4-6。用针式绝缘子、鼓形绝缘子配线时，绝缘导线线间的最小距离见表 4-7。瓷件配线时绝缘导线至地面的最小距离见表4-8。绝缘导线明配在高温辐射或对绝缘有腐蚀的场所时，线间和对建筑物表面的最小距离见表 4-9。

表 4-6　室外配线时绝缘导线至建筑物的最小距离

敷设方式	最小允许距离/mm
1. 水平敷设时的垂直距离：	
距阳台、平台、屋顶	2500
距下方窗户	300
距上方窗户	800
2. 垂直敷设时至阳台窗户的水平距离	750
3. 导线至墙壁和构架的距离（挑檐下除外）	50

注：如不能达到上述规定时，则应用遮栏保护。

表 4-7　鼓形绝缘子和针式绝缘子配线时绝缘导线线间的最小距离

固定点间距/m	导线最小间距/mm	
	室内配线	室外配线
<1.5 以下	35	100
1.5 ~ 3	50	100
3 ~ 6	70	100
>6	100	150

表 4-8　瓷件配线时绝缘导线至地面的最小距离

敷设方式		最小允许距离/m
水平敷设	室内	2.5
	室外	2.7
垂直敷设	室内	1.8
	室外	2.7

⑥ 工业厂房明装照明裸导线的要求同动力母线安装。导线的线间和至建筑物表面的最小距离应符合表 4-9 的规定。

表 4-9　绝缘导线明配在高温辐射或对绝缘有腐蚀的场所时线间和对建筑物表面的最小距离

固定点间距/m	最小允许距离/mm
< 2	50
2 ~ 4	100
4 ~ 6	150
> 6	200

表 4-10　线芯允许最小截面积

敷设方式及用途	线芯最小截面积/mm²		
	铜芯软线	铜线	铝线
1. 敷设在室内绝缘支持件上的裸导线		2.5	4
2. 敷设在绝缘支持件上的绝缘导线其支持点间距：			
1）1m 及以下　　室内		1.0	2.5
室外		1.5	2.5
2）2m 及以下　　室内		1.0	2.5
室外		1.5	2.5
3）6m 及以下		2.5	4
4）12m 及以下		2.5	6
3. 穿管敷设的绝缘导线	1.0	1.0	2.5
4. 槽板内敷设的绝缘导线		1.0	2.5
5. 塑料护套线敷设		1.0	2.5

最后需要特别强调的一点是，明装线路和暗装线路一样，敷设完后，必须先测试线路的绝缘电阻，新导线的绝缘电阻应大于 $1M\Omega$，然后才能进行接线及电器的安装。

三、其他相关器件及线路的安装

其他相关器件一般指应急照明装置、安全指示灯、提示性警示装置等及施工图中未列出而在安装中临时增加的一些单相设备。

其他相关器件及线路的安装与上述内容基本相同，无论增加施工图与否，在安装中必须做到以下几点：

1）线路安装过程中，只要装修未完工的，应该将管线进行暗装。暗装管线应用开槽机开槽，并不得妨碍已安装好的设备及土建工程，同时应符合规范要求。

开槽后的管路必须有大于 30mm 厚的稀释混凝土保护层。

2）元件、设备的安装根据其体积、质量设置支架或铁件，不得使用木块或木楔。元件、设备应安装牢固。

3）元件、设备、导线应按前述进行测试及试验，并记录相关数据，接线必须正确可靠。

4）安装后应按前述送电试灯的工艺程序进行送电试灯，确保工程质量及安全可靠。

5）如果土建装修完毕后，可将管线进行明装，同样明装不得妨碍已安装好的设备及土建工程，并符合规范要求。明装线路应按暗装的第 2）、3）、4）条的要求进行，并参照本章前述内容。

6）相关器件及线路的安装如果设计没有正式出图，则应将其全部内容和安装事宜标注在原图样上，或者自行出图并附有详细说明。

第五章　照明电路的测试及试灯

照明电路及单相电气设备与动力电路及三相电气设备相比，要简单得多，但安装的程序基本相同。单相电路安装完毕后也要进行一系列的检查和试验，才能送电试灯。

一、照明电路的检查和测试

检查应按照图样从电源开始，总闸箱、分闸箱、开关、灯具、单相设备、插座以及线路，应使其符合下列要求：

1）成排安装的灯具、开关、插座，其中心轴线、垂直偏差、距地高度应符合规范和设计要求，且同一场所同类电器的安装标高应一致，明设线路应横平竖直、美观整洁，管路进入箱盒应符合规程要求。

2）暗装开关、插座的盖板、灯具的底座应紧贴墙面，并应用灰膏修补；明装电具的圆木、连板应紧贴墙面；不同电压的插座应有明显的标志，并符合安装规范及设计要求。

3）检查大型灯具悬吊绞车的闭锁装置及吊扇的防松、防振措施应符合要求；按前述安装接线要求抽查白炽灯、荧光灯、插座的接线应正确紧固，如发现一处错误或松动则应全部返工检查，抽查数为 10%，灯头数较少时应为 30%。

4）检查闸箱（板）的安装和回路编号应符合设计要求，且开关完整有盖。

5）测量线路的绝缘电阻应符合要求；有接地螺钉的灯具、插销、开关、闸箱等元件接地或接零可靠，接地电阻符合要求。

6）装设漏电保护开关的回路须经实地试验动作可靠。

7）系统检查无不妥之处。

上述检查测试合格后，即可装设灯泡或灯管，高处或不宜更换部位的灯泡或灯管在安装以前应先在下面做通电试验，发光正常才能装在灯具上。灯泡必须拧紧，灯管如手感松动可在灯脚插孔内放一截细熔丝将其卡紧，辉光启动器应接触良好。装设灯泡时如发现灯口内中心舌片较低，可将其稍撬起一点，以防接触不良，如松动，应将固定螺钉拧紧，以防短路。

二、送电及试灯

送电及试灯与动力电的送电试车基本相同，虽然较动力电路容量小，但也要注意以下四点：一是送电时先合总闸，再合分闸，最后合支路开关；二是试灯时先试支路负载，再试分路，最后试总回路；三是使用熔丝做保护的开关，其熔丝应按负载额定电流的 1.1 倍选择；四是送电前应将总闸、分闸、支路开关全都拉掉。

1. 将总闸合上，用万用表测量总开关下闸口及各分路开关上闸口的电压，相电压为220V，线电压为380V，同时观察总电能表是否转动，如转动，则电能表接线有误或分路开关没断开或接线有误，使负载直接接入系统，如检查都正常则说明电能表不合格。

2. 将第一分路开关合上，观察分电能表是否转动，且下闸口及支路开关上闸口的电压应正常。

将第一分路的第一支路的第一只（组）灯的开关闭合，应亮且发光正常，这时该支路的电能表应正转且很慢，其他表应停转；然后将开关断开，灯应熄灭，电能表停转。

　　将第一支路的第二只（组）灯的开关闭合，应正常同上。用同样的方法将第一支路所有的灯都一一试过，应正常。试灯过程中如有短路跳闸或熔丝熔断、不亮、发光不正常等，可及时在该灯回路上查找，且能将故障范围缩小，便于处理。

　　将第一支路所有灯的开关闭合，应正常，电能表正转很快，如支路熔丝熔断或断路器跳闸，则说明熔丝选择有误或断路器调整有误。如一切都正常后，这时用万用表测试所有插座的电压应与设计相符，220V 或 380V；用试电笔测试左零右相是否正确；如果单相电动机设备，应闭合其开关，使其运转，用钳形表测试电流应正常（如果电流较小，可将负荷线在钳口上多绕几圈，测得的电流除以圈数即为被测值），调速开关转换时调速正常。当第一支路所有的负载都投入运行时，应测量其回路的总电流。全负载运行一般不超过 2h，然后将所有的开关拉掉。再把第二支路、第三支路及其所有支路按上述方法试完，应正常。第一分路试灯时，任何时候其他分路的电能表都不转动，或灯不能点燃，否则有混线现象，应立即查出并纠正，在各分路都计量电能的情况下是不允许的。

　　3. 用上述方法把第二分路、第三分路及其所有分路试完，应正常。

　　4. 将总开关、各分路开关、支路开关及电具的所有开关都按顺序一一合上，应正常。测试总开关的三相电流应近似平衡，观察电能表运转情况，用蜡片或点温计测试开关的主触头有无发热现象。然后把所有开关按合闸相反的顺序一一断开，把所有的接线端子再紧一次，通过紧固端子，也可发现一些异常，如打火、焦煳、虚接等，应查明原因修复。最后再将所有的开关按顺序合上，试运行 8h，应正常。试运行时应排人员值班，无人时房间应上锁。

　　5. 试灯过程中故障的处理

　　试灯中，由于元件材料的质量、安装不妥、设计有误、环境条件等因素，常会发生短路、不亮、发光不正常等事故，这些事故应及时处理，以保证试灯顺利进行。

　　（1）断路或开路的检查

　　断路或开路包括相线或中性线断开两种。断路或开路的原因可能是线路断线、线路接头虚接或松动，线路与开关的接线为虚接、松动或假接（如绝缘未剥尽），开关触头接触不良或未接通等。

　　断路的检查通常采用分段检查的方法，先把分路开关拉闸，合上总开关。

　　1）检查总开关上闸口是否有电，可用试电笔测试上闸口接线端子，如发光很亮，则说明正常；然后用万用表测试与零线的电压应为 220V，如发光较暗，则说明进线有虚接、松动现象，可将接线端子拧紧，并检查接点的压接部位的绝缘层是否剥掉，有否锈蚀现象；处理后仍较暗，则说明进线有误，可到上级开关的下闸口检查，如正常，则说明故障点在线路上；可检查该段线路的接头是否良好，否则线路有断线点，可将线路电源开关拉掉，验证无电且放电后，一端与地线封死，另一端用万用表测试，确认是否断线。断线处理，如果是架空明设，可巡视线路后将断开点重新接好；如果是管内敷线，应将导线抽出，更换新导线。

　　如果氖泡不发光，则说明进线断路，可到上一级开关的下闸口检查，如正常，则说明故障点在线路上。

　　如到上一级开关下闸口检查，和在总闸上闸口检查结果相同，则说明故障在上一级开关或线路上。

　　2）检查总开关的下闸口，如不正常，则说明总开关有误、接触不良、假合、熔丝熔断等。如正常，可在盘上、箱内检查各分路开关的下闸口是否正常，如不正常，可在盘上、箱内检查线路或开关，因盘上线路较短很容易发现故障点。如正常则说明故障在由盘或闸箱送出的回路上。

3）上述的电压测量是在假定零线不断的情况下进行的，如果氖泡发光很亮，与零线间进行电压测量则为0，很可能是零线断线。为了进一步证实，可在相线与地线间测量电压，有时从接地端直接引线来测量。

4）盘上或箱内正常后，可在送出的支路上检查，最好是将各个支路上的开关都关掉，特别是拉线开关，必须将盒盖打开才能确认是否已断开。先将距闸箱最近的一个开关闭合，看其控制的灯是否点亮。如亮则说明这只灯到总闸箱这段线正常，可往下再试距这个灯最近的一个开关回路，直至最后一个回路；如不亮，则说明闸箱到这只最近的开关回路或上一个正常测试点到这只开关或灯头有断路现象。可将开关的盒盖打开先用试电笔测试一下静触头是否有电，如很亮，则可用万用表测试其对地电压，应为220V；如对零线电压为零，则说明这段回路中零线断线；如对零线电压正常，则说明开关虚接，开关接触不良，灯头虚接以致到灯头的导线断线等，一一检查，直至找出原因。

5）线路正常后，可测量插座的电压应正常；如电压为零，可先用试电笔测其是否发光正常；如正常，则为零线断线，再用与地线电压来证实；如无光，则为相线断线。无论哪种，都应将盒打开，检查接线是否良好以及插座进线始端的接头是否良好。

6）在支路上检查时，如不将所有开关都断开，或只将部分断开，而另一部分闭合，这时如用试电笔测试，相线、零线都有电很亮，则说明零线断线；如发光较暗，则说明相线虚接；如不亮，则说明相线断线。但究竟哪段导线故障，还得按4）中的方法一一检查。

（2）短路故障的检查

短路故障的现象是合闸后熔丝立即熔断或断路器合闸后立即跳闸。短路故障的原因，可能是线路中相线与零线直接相碰、电具绝缘不好、相线与地相碰、接线错误、电具端子相连等。

短路的检查，通常也是采用分段检查的方法，先将系统中所有的开关拉掉。

1）合上总开关，如熔丝立即熔断或断路器合上后立即跳闸，则说明总开关下闸口到分路开关上闸口这段导线有短路现象或从这段导线接出的回路有短路现象，或者总开关下闸口绝缘不良而直接短路。如正常，可将分路开关一一合上，如合某一开关，如熔丝立即熔断或断路器合不上，则说明该分路开关到各个支路开关前有短路现象；如正常，则说明故障在各个支路的线路里。

2）把第一分路中第一支路距闸箱最近的一只灯的开关合上，如果分路开关跳闸或熔丝熔断，则说明故障就在这段线路里。可先检查螺口灯口内的中心舌片与螺口是否接触，有否短路电弧的"黑迹"，可检查灯泡灯丝是否短路，可更换灯泡或用万用表测量灯丝的电阻；然后可将管口处的导线拆开，用绝缘电阻表测量管内导线的绝缘。如无故障点，那么可检查开关接线是否错误，将一零一相接在开关点上以及插座接线有误；检查接线盒内"跷头"是否包扎绝缘良好，是否碰壳或零线、相线碰触以及管、盒内潮湿有水等。短路点一般都有短路电弧的"黑迹"；如仍无故障点，则是元件本身的绝缘不良或因为污迹造成短路等。

如分路开关不跳闸或熔丝不熔断，则说明故障不在这段线路里，应往下一只灯的回路检查，直至最后一只。

3）如果第一支路无故障，可查找第二支路，并将所有支路一一检查。

4）用上述的方法，第一分路的开关拉闸，合上第二分路开关，按支路一一检查，直至将第三分路以及所有分路检查完毕，直至找出故障点。

断路与短路的检查是一项需要耐心的工作，不得操之过急，严禁乱拆乱卸及不按程序东一头、西一头地检查。晚上检查故障，必须拉上临时照明，并注意安全。检查故障应按房号分组一一检查，每组一般不超过三人，要配合默契。

（3）白炽灯故障的处理

1）短路的处理：

① 灯口内中心舌片与螺口接触或活动，短路处有电弧黑迹。

② 灯泡的灯丝内部短路。

③ 导线绝缘不良或露丝与零线、管壁接触。

④ 开关接错，接成上相下零。

⑤ 接线盒内接头包扎不妥，露丝与外壳相碰，或相线接头与零线接头相碰。

⑥ 接线盒或管内潮湿或有水。

⑦ 钢管内导线穿线时被划破绝缘。

⑧ 熔丝松动。

⑨ 开关或元件本身绝缘低劣。

2）灯泡不亮的处理：

① 灯丝断开。

② 灯口或灯座接触不良，灯泡螺口与灯口螺口不配套，灯口中心舌片低，与灯泡不接触。

③ 开关接触不良、松动或触头有锈迹。

④ 熔丝熔断或断路器跳闸。

⑤ 线路断开。

3）灯泡忽亮忽暗的处理：

① 灯座、灯口或开关触头松动，或接线松动。

② 熔断器中熔丝接触不良。

③ 电源电压不稳或系统中有大型动力设备经常起动。

④ 灯丝松动，忽断忽接。

4）灯泡发强烈白光，瞬时烧坏：

① 灯泡不合格，灯丝电阻太小。

② 灯泡额定电压与线路电压不符，小于线路电压，或线路电源错接成两根相线，即380V。

5）灯泡发光为暗红色：

① 电源电压太低。

② 灯泡额定电压大于线路电压。

③ 线路有漏电处，特别是接头或线盒处。

④ 线路太长或导线太细，使末端的压降太大。

⑤ 开关或接头接触不良或有锈蚀。

6）接通电源后，灯泡内冒白烟：

① 灯泡质量低劣。

② 灯泡漏气。

③ 电压太高。

（4）荧光灯故障的处理

荧光灯、卤钨灯、带有镇流器的钠灯和汞（水银）灯，故障较复杂，有的可参照前面的方法处理，但其受到温度、环境的影响也会导致故障，其中任何一连接点的松动或接触不良包括成套灯具的内部连接点，如灯脚、辉光启动器等都会导致不会正常发光，这一点是很重要的。现将荧光灯故障的处理列于表 5-1 内，供读者参考。

表 5-1　荧光灯的常见故障及处理方法

故障现象	可能原因	处理方法
不能发光或发光困难	1. 电源电压太低或电路压降大 2. 辉光启动器陈旧或损坏，内部电容击穿或断开 3. 接线错误或灯脚接触不良 4. 灯丝已断或灯管漏气 5. 镇流器配用规格不合或镇流器内部电路断开 6. 气温较低	1. 如有条件改用粗导线或升高电压 2. 检查后调换新的辉光启动器或调换内部电容器 3. 改正电路或使灯脚接触头加固 4. 用万用表检查，如灯丝已断又看到荧光粉变色，表明漏气 5. 调换适当镇流器 6. 加热、加罩
灯管抖动及灯管两头发光	1. 接线错误或灯脚等松动 2. 辉光启动器接触头合并或内部电容器击穿 3. 镇流器配用不合格或接线松动 4. 电源电压太低或线路压降较大 5. 灯丝陈旧，发射电子将完，放电作用降低 6. 气温低	1. 改正电路或加固 2. 调换辉光启动器 3. 调换适当镇流器或使接线加固 4. 如有条件改用粗导线或升高电压 5. 调换灯管 6. 加热、加罩
灯光闪烁或有光滚动	1. 新灯管的暂时现象 2. 单根管常有现象 3. 辉光启动器接触不良或损坏 4. 镇流器配用规格不合或接线不牢	1. 使用几次或灯管两端对调 2. 有条件或需要时，改装双灯管 3. 使辉光启动器接触头加固或调换启动器 4. 调换适当的镇流器或将接线加固
灯管两头发黑或生黑斑	1. 灯管陈旧 2. 若系新灯管可能因辉光启动器损坏而使两端发射物加速蒸发 3. 灯管内水银凝结是细灯管常有的现象 4. 电源电压太高 5. 辉光启动器不好或接线不牢引起长时间闪烁 6. 镇流器配用规格不合	1. 调换灯管 2. 调换辉光启动器 3. 启动后即能蒸发 4. 如有条件调低电压 5. 调换辉光启动器或将接线加固 6. 调换合适的镇流器
灯光减低或色彩较差	1. 灯管陈旧 2. 气温低或冷风直吹灯管 3. 电路电压太低或电路压降较大 4. 灯管上积垢太多	1. 调换新灯管 2. 加罩或回避冷风 3. 如有条件调整电压或调换粗导线 4. 清除灯管积垢

（续）

故障现象	可 能 原 因	处 理 方 法
杂声与电磁声	1. 镇流器质量较差或其铁心钢片未夹紧 2. 电路电压过高引起镇流器发出声音 3. 镇流器过载或其内部短路 4. 辉光启动器不好引起开启时辉光杂声	1. 调换镇流器 2. 如有条件设法降低电压 3. 调换镇流器 4. 调换辉光启动器
镇流器受热	1. 灯架内温度过高 2. 电路电压过高或过载 3. 灯管闪烁时间长或使用时间长	1. 改善装置方法，保持通风 2. 如有条件，调低电压或调换镇流器 3. 消除闪烁原因或减少连续使用时间
灯管使用时间短	1. 镇流器配用规格不合或质量差，或镇流器内部短路致使灯管电压过高 2. 开关次数太多，或辉光启动器不好引起长时间闪烁 3. 振动引起灯丝断掉 4. 新灯管因接线错误而烧坏	1. 调换镇流器 2. 减少开关次数或调换辉光启动器 3. 改善装置位置，减少受振 4. 改正接线

（5）混线的处理

混线一般发生在暗配管的照明电路中，试灯时若发现某回路的开关未合上而电能表转动或者有电流（电能表通常串接于开关的上闸口），或者开关已合而各个支路的灯的开关没有闭合时电能表转动或有电流，则说明已混线。

1）混线回路的确定和判断：发现上述混线现象后，先将各分路开关拉掉，将总开关闭合，然后按以下步骤逐一检查。

① 总电能表不应转动，否则电能表失灵或总电能表出线接有通往他室的回路，查出并切断这些回路，如仍转动，应将电能表拆下进行校验。

② 将第一分路开关合上，将其各支路的开关全断开，该分路电能表不应转动。把与第一分路所辖房间相邻的其他房间（这些房间是第二分路或第三分路所辖的）各支路的灯按顺序闭合，然后再断开，与此同时观察第一分路的电能表是否转动，如转动则说明该支路的灯混线，为了可靠应反复试验几次加以确认。

③ 将第一分路开关断开，将确认混线灯的分路开关闭合，然后将混线灯支路开关闭合，这时该灯不能点亮。如能点亮则说明第一分路与该分路的主干线已连通，见图5-1。这时将第一分路开关也闭合，混线灯仍点亮，说明两分路干线的相序相同；如不能点亮并且熔丝熔断，则说明相序不同。

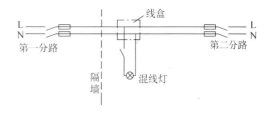

图 5-1　灯具混线示意图

④ 按上述方法将所有分路有无混线一一试完，确定已混线灯具。

2）混线的处理：混线最好是在房间内装修前进行，否则将会影响装修工程，必须处理时，方案须经土建及建设单位同意。

① 重新布管法：先将混线灯具的接线盒打开，把混接的导线拆下并从管路中抽出；量出混线灯距非混线分路开关所辖房间最近的电源点（如插座、开关等）的距离，用开槽机

或手工将地面或墙开出能埋入 $\phi15\mathrm{mm}$ 钢管的小槽，并将加工好的管埋入槽中，管的两端应进入混线灯和电源点的盒内，并用电焊点住，点焊时应防止伤及原导线，必要时可将原导线暂时抽出。最后用水泥砂浆将槽抹平，最后穿线、接线、试灯。重新布管法适用于对装修要求较高、不得有明设管路的场所。

②　槽板明设法：对于要求不高的场所可采用槽板明设补救。方法基本同前，只是在量出的电源距离内用明装槽板代替，槽板的两端应分别将线盒压住，线从槽板后面引至线盒，线盒的露出部分应用与墙及楼板颜色相同的装饰板盖住并固定。槽板应刷与装修线条相同的色漆。槽板的敷设应采用塑料胀管，见图4-58。

③　钢管（或塑料管）明设法：在工业厂房或要求不高的公共场所可采用钢管或塑料管明设补救，方法同上，管路的敷设方法应按管路明装的要求进行，管路的刷漆应与装修线条相同。

④　如能不重新布管且又能解决混线最好，但这要根据现场情况决定。

（6）其他故障可参照上述各条进行处理。

第六章 常见公共场所的照明及单相电气装置

前面章节详细地讲述了照明电路及单相电气装置的检查、测试、安装、试灯等内容，读者从中可以看到，照明电路及单相电气装置与动力、变配电、架空线路、自动化仪表及空调、电梯、弱电系统等相比要简单一些。其实，照明电路及装置在很多场所有着非常重要的作用，特别是在美化环境、方便人们行动、艺术欣赏、医疗保健等方面有着广泛的用途，也是电气工作人员应该掌握的技术技能。本章要讲述一些常见公共场所的照明装置，主要包括宾馆客房照明、彩色水下灯、航空闪光障碍灯、舞台照明装置、歌舞厅和宴会厅声光效果控制装置、人工彩色音乐喷泉装置、综合性室内体育馆照明装置、舞台照明以及地面灯、路灯、玻璃幕墙射灯等。公共场所照明装置的安装同样要进行检查、测试、安装、接线、试灯或调试，其方法基本与前述相同。

随着新产品的投入市场一定要注意阅读产品安装使用说明书，并按其要求进行安装测试。

一、一般公共照明装置

（一）地面灯的安装方法（见图6-1）

地面灯可分为方形地面灯和圆形地面灯两种：

1）地面灯选用时必须是防护灯具，防护等级为IP56，不得使用自制接线盒及其非防护等级的灯具。

2）在地面土建施工时，应及时配合埋设管路或防水、防潮、防压特种电缆。一般情况下是先在灯具位置处预埋木盒，安装时先将木盒取掉，然后再放置IP56防护等级的灯盒。

3）地面灯具安装时，应及时与地面面层施工密切配合，必须做好防水处理。

4）地面灯具安装好后应先临时通电，试灯并测试绝缘电阻，其值应大于5MΩ，有缺陷时应立即处理。试灯及测试后应对地面灯具进行防护，以免破损或造成其他事故。

5）金属构架、金属接线盒、金属管路、电缆金属外层或铠装等应可靠接地或接零，并有明显的标志。

6）金属穿线管路敷设好后应进行密封试验，并与管道工配合，试验压力为1MPa。试验时管口封墙要严密，手压泵或空压机上的压力表应有合格检定证书。

7）金属穿线管理应选用优质镀锌钢管，焊接部位应做防腐处理，螺扣螺纹连接部位应做密封处理。

8）地面灯的安装应一次成型，避免返工。

9）地面灯的灯具面板必须与地面持平，误差小于0.2mm。

（二）楼梯踏步灯安装方法（见图6-2）

楼梯踏步灯安装方法基本同地面灯。

（三）玻璃幕墙射灯安装方法（见图6-3）

玻璃幕墙射灯的安装方法基本同地面灯一样，不同的是要用好发泡聚乙烯条、填充料、防水胶，必要时应请教专业人员，不得随意使用。

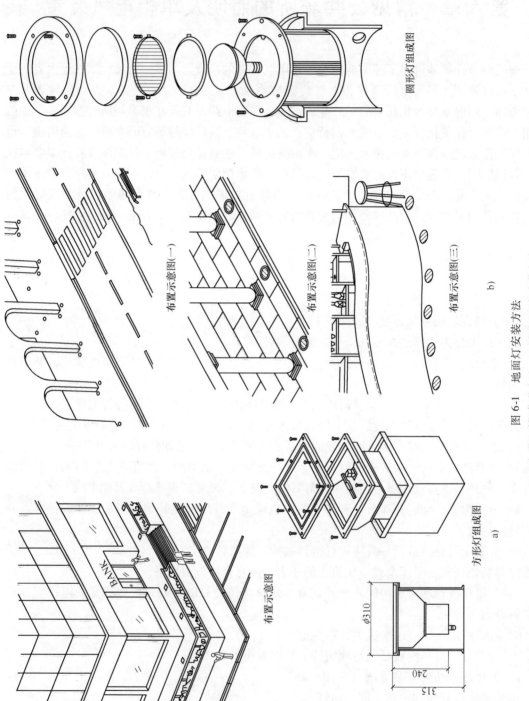

图 6-1　地面灯安装方法

a) 方形地面灯安装方法　b) 圆形地面灯安装方法

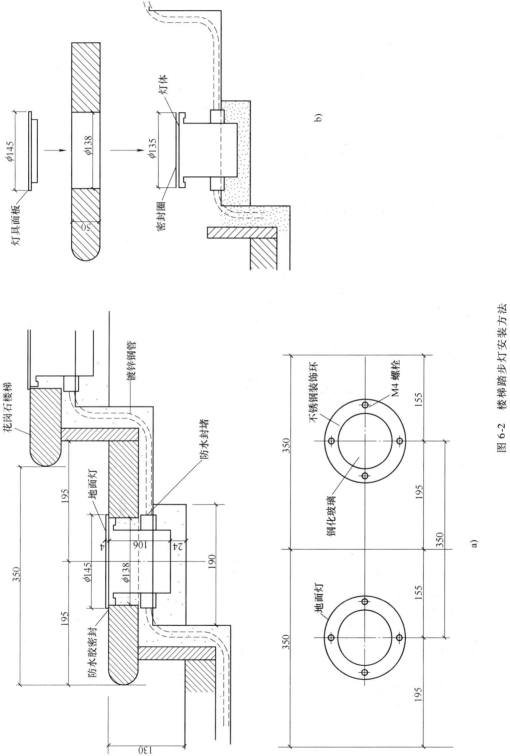

图 6-2　楼梯踏步灯安装方法
a) 地面灯安装方法　b) 地面灯安装示意图

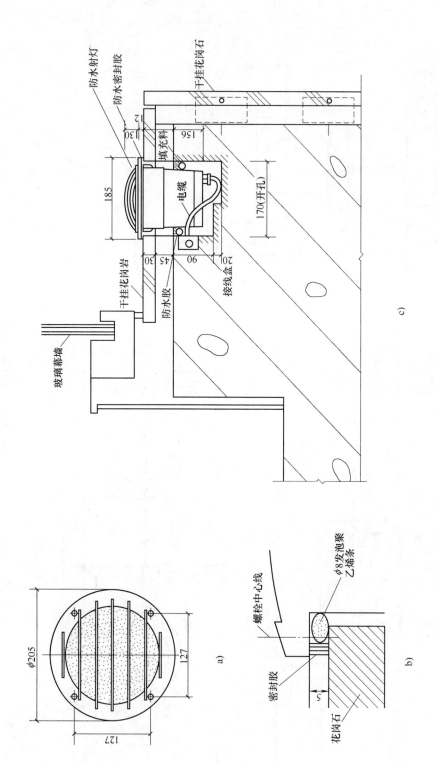

图 6-3　玻璃幕墙射灯安装方法

a) 防水射灯尺寸图　b) 射灯防水密封方法大样图　c) 玻璃幕墙射灯安装方法

（四）投光灯安装方法（见图 6-4）

投光灯安装、测试、试灯基本同地面灯一样。同时应注意以下几点：

1）室外投光灯必须选用防水型，接线盒盖应配有橡胶垫圈，接线盒进线口和灯具出线口应采用电缆终端密封头与其接口。

2）其底座支架应牢固，材料及其固定螺栓应与其体积重量相匹配，并做防腐处理。

3）调整时其枢轴应沿投射方向的光轴方向拧紧，配有镇流器的投光灯，镇流器应有密封处理，确保不进水、不进污。

（五）射灯安装方法（见图 6-5）

射灯的类别很多，安装地点也很多，基本方法和要求同地面灯，同时注意以下几点：

1）射灯应选用防水型灯具，电缆引入接口处应密封良好。

2）用于树木、草坪投射照明的射灯应直接安装在泥土中。

3）坐地安装的射灯应安装在混凝土基础上，适用于建筑物的投射照明。

4）射灯试灯时应按业主的要求将其仰角调整好并予以固定，试灯一般应选在晚上进行，试灯后应有提示警语牌。

（六）草坪灯的安装（见图 6-6）

草坪灯的安装及要求同地面灯，同时注意以下几点：

1）灯杆法兰式草坪灯安装在预制混凝土基础上，一般可采用质地优良的塑料管预埋；灯杆埋设式草坪灯直接埋设在草坪中，埋设深度一般为 500mm，并将其周围夯实、在埋土中一般应有混凝土预制的套圈或卡盘。

2）选用的电缆一般为铠装电缆，直接埋设在草坪中，并有标志。埋设时应避开障碍物，为今后维修带来方便。

3）草坪灯试灯应在接线后立即进行。

4）草坪灯应采用集中控制，并有自动开启及关闭装置，一般可用光控或时间控制，有条件的应配有调光装置。

5）应定期测试系统的绝缘电阻。

（七）庭院灯的安装（见图 6-7）

庭院灯的安装方法及要求基本同地面灯，同时应注意以下几点：

1）立柱式庭院灯、落地式庭院灯、特种园艺灯等，其基座与基础应固定可靠，地脚螺栓紧固至少 6 扣，20mm 及以上螺栓应用双螺母紧固。螺母紧固后应将螺杆顶部铆固。紧固螺栓前应用黄油涂抹螺杆。

2）灯具接线盒、熔断器盒应有防水密封垫，盒盖紧固。

3）使用的线缆应穿管敷设。

4）金属立柱、灯具外壳应可靠与接地体或零线连接。系统接地干线应单独放置且成环网状，环网与接地体不少于 2 处可靠连接，接地电阻小于或等于 1Ω。由接地干线引出的支线与其接地端子的连接应可靠紧密且有标志。

（八）路灯的安装（见图 6-8）

路灯的安装及要求应遵照架空线路相关规定及方法，同时应注意以下几点：

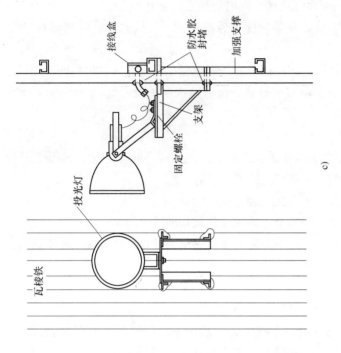

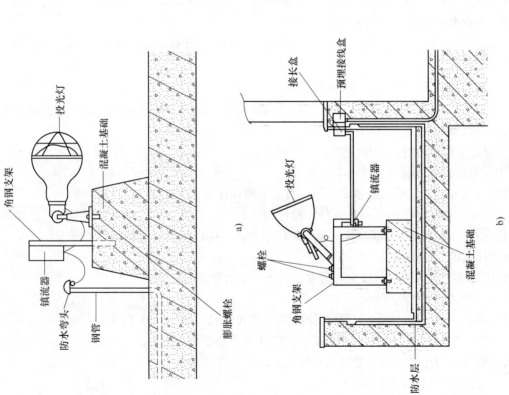

图6-4　投光灯安装方法

a)投光灯安装方法(一)　b)投光灯安装方法(二)　c)投光灯壁装方法

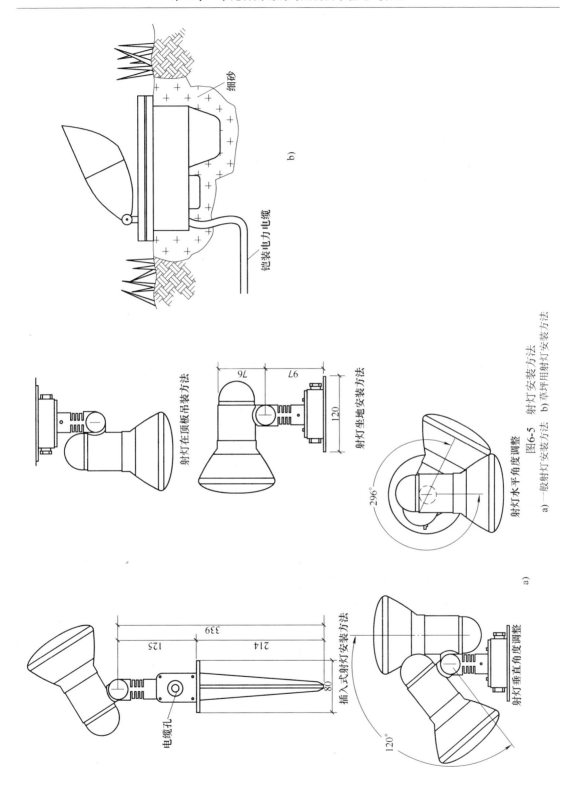

图6-5　射灯安装方法
a) 一般射灯安装方法　b) 草坪用射灯安装方法

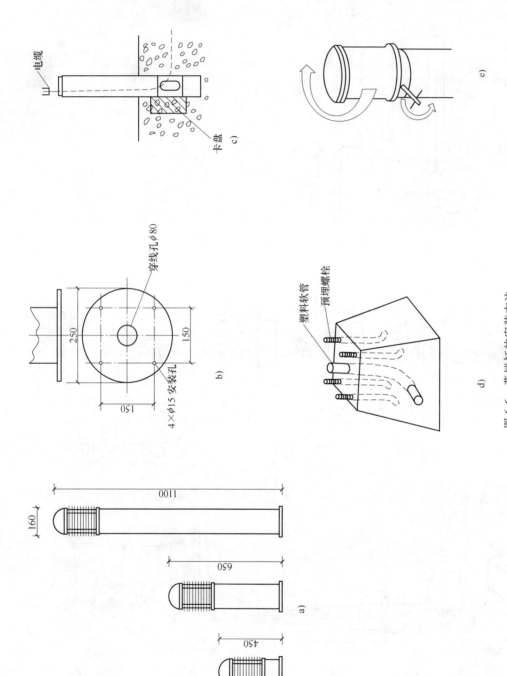

图 6-6　草坪灯的安装方法

a) 草坪灯外形图　b) 法兰规格尺寸　c) 灯杆埋设式安装方法
d) 预制混凝土基础　e) 灯具安装方法

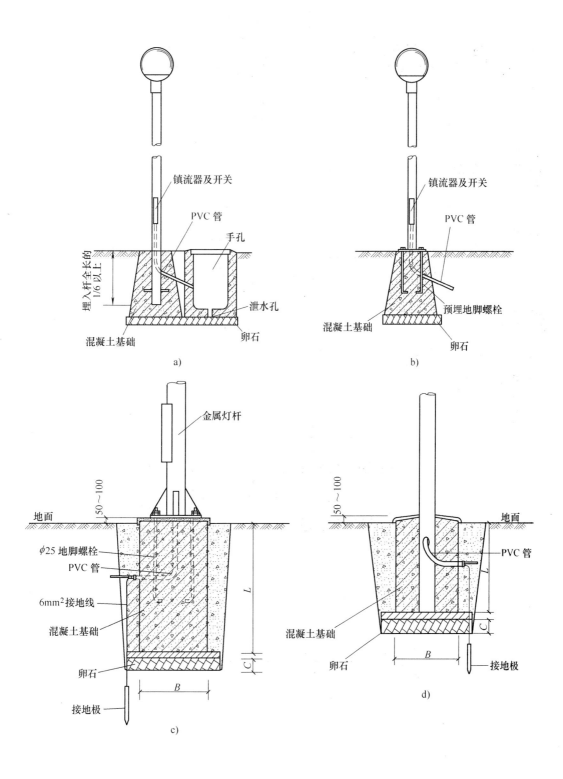

图6-7　庭院灯安装方法

a）方式一　b）方式二　c）方式一基础大样图　d）方式二基础大样图

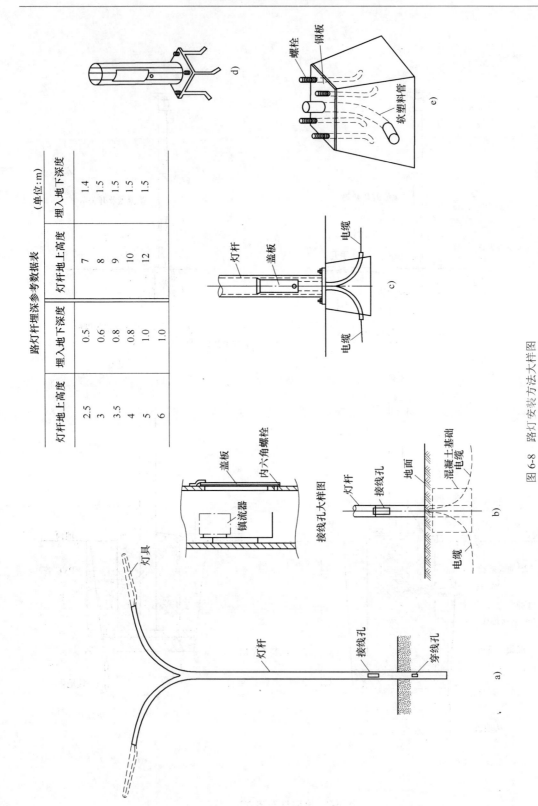

路灯杆埋深参考数据表

（单位：m）

灯杆地上高度	埋入地下深度	灯杆地上高度	埋入地下深度
2.5	0.5	7	1.4
3	0.6	8	1.5
3.5	0.8	9	1.5
4	0.8	10	1.5
5	1.0	12	1.5
6	1.0		

图 6-8　路灯安装方法大样图

a) 路灯安装示意图　b) 路灯埋设式安装方法　c) 路灯法兰式安装方法　d) 路灯法兰底座外形图　e) 路灯预制混凝土基础

1）路灯杆按底部结构可直埋，也可安装在混凝土基础上，预埋螺栓应与基底板螺孔匹配。有太阳能板的路灯其板面应倾斜面向正南方，角度为45°左右。

2）预制混凝土应配钢筋、表面铺设钢板、钢板按螺栓距开孔，钢板穿入螺栓后螺栓在钢板孔的上下面上进行焊接，并与钢筋绑扎，混凝土基础尺寸及钢板螺栓的选用应由杆体决定。基础浇注及浇注完毕、穿线未完成时，穿线管应封口密实。螺栓紧固同庭院灯。

3）电缆一般选用铠装电力电缆。

4）路灯接线应注意相序，负荷要分配均衡。

二、应急诱导灯的安装

应急诱导灯的型号、规格、用途很多，见图6-9，其接线方法见图6-10。

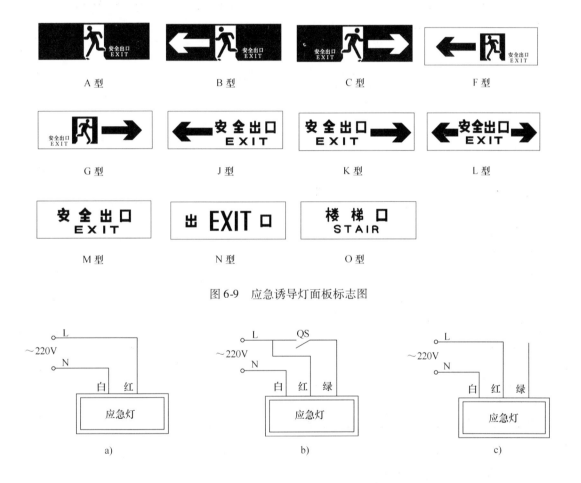

图6-9　应急诱导灯面板标志图

图6-10　应急诱导灯接线方法示意图
a）两根引出线　b）三根线引出（一）　c）三根线引出（二）

其中，两根引出线的应急灯灯具本身备有正常照明的开关，不必另设，照图6-10a接线即可。三根引出线的可另设开关后，用于正常照明。一旦停电，灯具将自动切换到应急照明工作状态，照图6-10b接线即可。三根引出线的应急灯灯具如只用于应急不用正常照明即可按图6-10c接线。

应急诱导灯的安装应按第一章~第五章的要求进行,一般应采用暗装线路,若采用明装应采用钢管配线,开关元件应有明显的标志并与正常照明开关分开装设。

应急诱导灯一般设在走廊、楼梯间、出口,以及需要疏导人们脱离现场的明显位置并有连续性。

三、水下照明灯具的安装

水下照明灯具可分为水下彩灯和水中照明灯两种,规格型号很多。

(一)水下彩灯见图6-11,MH SXC 系列水下彩灯技术数据见表6-1。水下彩灯有红、绿、蓝、黄、紫五种颜色,用于彩色喷泉、瀑布、溶洞、暗河及水下工程。其中,彩色白炽水下灯使用方便,可适用电、声控,并具有发光效率高、光强大、投光距离远、寿命长、节电等特点。

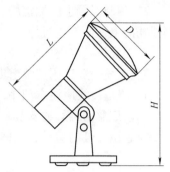

图6-11　水下彩灯外形及尺寸

表6-1　水下彩灯技术数据

灯泡型号	电压/V	功率/W	工作电压/V	工作电流/A	主要尺寸 $H \times D \times L$/mm			平均寿命/h	密封线长/m	光色
MH SXC-250		250								白
MH SXC-250		250	120 ± 15	2.3				250	1000	绿
MH SXC-250		250								蓝
MH SXC250		250		2.25						黄
MH SXC-400		400								白
MH SXC-400		400	130 ± 15	3.05 ± 0.2				250	1000	绿
MH SXC-400		400								蓝
MH SXC-400		400								黄
MH SXC-300	220				300	160			10	红
MH SXC-300		300								绿
MH SXC-300										蓝
MH SXC-300										紫
MH SXC-300		300	200	1.36				250	500	黄
MH SXC-500										红
MH SXC-500		500								绿
MH SXC-500				2.27						蓝
MH SXC-500										紫
MH SXC-500										黄

水下彩灯的安装应按第一章~第五章的要求进行,同时注意以下几点:

1)灯具由专用支撑杆或陶瓷灯座固定安装。

2)为了充分发挥水下投光灯效果,安装时灯具顶端距离水面以 10~20mm 为宜。

3)水下投光灯必须采用专用水下镇流器或高压汞灯镇流器、启动器,若采用专用水下镇流器,应按要求仔细接线,并做好绝缘密封,以保证长期水下工作。若采用高压汞灯镇流器、启动器,必须置于水外。

(二)水中照明灯具(见图6-12)

水中照明安装应按第一章~第五章的要求进行,并应注意以下几点:

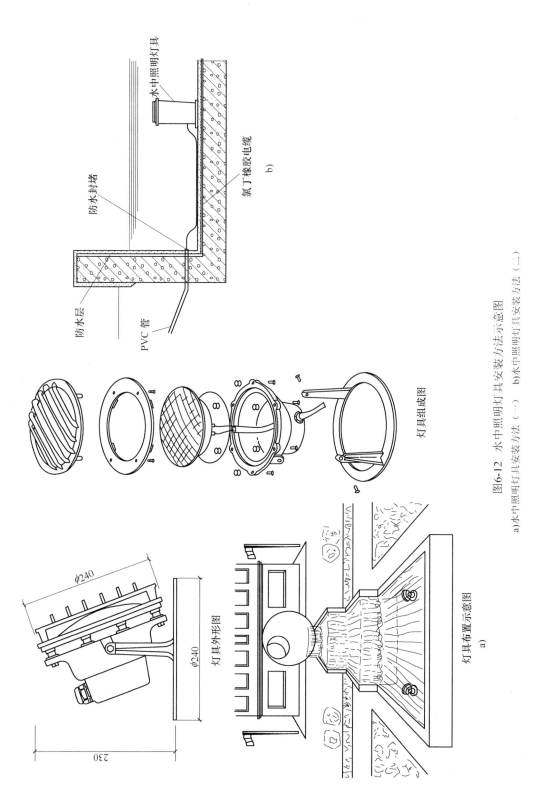

防水封堵

防水层

PVC管

氯丁橡胶电缆

水中照明灯具

b)

灯具组成图

灯具外形图

φ240

φ240

230

灯具布置示意图
a)

图6-12　水中照明灯具安装方法示意图

a)水中照明灯具安装方法（一）　b)水中照明灯具安装方法（二）

1）水中安装的灯具应选用防水低电压（36V以下）型，变压器及灯光控制器放置在水池外部。

2）水中进行导线连接时应选用铜制防水接线盒，所有灯具及接线盒出线端应采用电缆终端密封头安装。

3）游泳池和类似场所灯具（水下灯及防水灯具）的等电位连接应可靠，且有明显标志，其电源的专用漏电保护装置应全部检测合格。自电源引入灯具的导管必须采用绝缘导管，严禁采用金属或有金属护层的导管。

4）水中照明灯具的安装最主要是保证其密封防水，特别是接线部位，确保其绝缘良好，工作正常安全。

水下照明及彩灯的安装应先进行技术培训并进行演练，几经实际操作亦能确保上述要求后才能进行实际安装，同时应有现场质检员进行现场监督，杜绝出现质量不合格。具体安装人员不得违章操作，确保质量。

四、室内综合体育馆照明装置的安装

室内综合体育馆灯光布置平面图见图6-13。

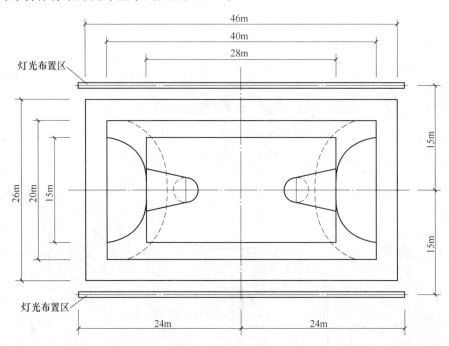

图6-13　室内综合体育馆灯光布置平面图

室内综合体育馆照明设备选型参考的产品很多，这里仅举一列，但必须保证照度（lx），见表6-2。

室内综合体育馆照明设备的安装应按前述第一章～第五章的要求进行，同时必须保证安装高度在11～15m灯具设备的质量、安装必须牢固，每盏灯具一般采用双接线端子和双供电回路，确保照明质量。开关箱有自动和手动切换装置。

室内综合体育馆照明的控制首先要三相负载平衡，这里仅给出A相的接线方法，一般每4盏灯为一组，且每灯为双端子双供电回路，并将双供电回路直接接在配电间的母线上。

表 6-2　室内综合体育馆照明设备选择参考表

灯具型号		MNF210	
灯泡型号及瓦数		HP1-T 400W	
灯具安装高度/m 灯具开启数量/台 设计照度值/lx	11	13	15
750	104	112	120
500	72	80	84
300	48	48	52
200	36	36	36

而 B、C 相与之相同。其次，配电间应设置自动调压装置，确保供电回路的电压在 220V ± 10V 以内。再者在接线时第一组 4 盏灯的相序应为 A、B、C、A，而第二组灯应为 B、C、A、B，以此类推，见图 6-14。也就是说灯的安装是按组一一顺序排定安装的，而接线是分开相序的。

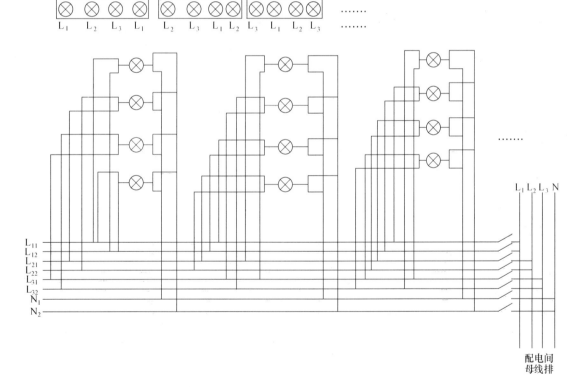

图 6-14　室内综合体育场馆照明接线图

这样的接线既保证了负荷的均匀分配，又保证了如有一盏灯不能正常工作并不影响总体照明；同时双回路供电保证了有一线路出线故障不影响整体照明。室内综合体育馆配电间一般情况下均采用电网的双回路供电，并配有 UPS 作为第三电源，确保供电的可靠性。

TL 系列荧光灯管在照明工程中应用很广泛，这里将其特征应用场所和相关数据列出供读者参照，见表6-3～表6-6。

表6-3　TL系列荧光灯管特征表

1. 按相关色温（K）分类

相关色温/K	色表特征	TL系列编号	特征
≤3000	暖色	827　830　927　930	使人感觉轻松、舒适，一般常与白炽灯混合使用，不适合与自然光混合使用
3500～4000	白色（中间色）	835　33　840　940	明亮的白色光可与自然光完美的结合，一般用于自然光照射的空间
5000～6500	昼光色（冷色）	54　850　865　950　965	与自然光相似

2. 按显色指数（Ra）分类

按一般显色指数/Ra	TL系列编号	特征
63.72	标准	用于辨色要求一般的场所，如停车场、仓库等
85	80	用于辨色要求较高的场所，如画室、办公室、教室等
95	90	用于辨色要求高的场所，如百货商场、美术馆展厅等

表6-4　TL系列荧光灯应用场所一览表

应用场所	80系列					90系列				
	827	830	840	850	865	927	930	940	950	965
学校										
一般教室、幼儿园教室			✓	✓						
研究室、图书馆			✓	✓						
实验室			✓	✓				✓	✓	✓
教职员办公室			✓	✓						
商业空间										
超级市场		✓	✓	✓	✓		✓	✓	✓	✓
百货公司		✓	✓				✓	✓		
书店、文具、照相器材		✓	✓	✓	✓		✓	✓	✓	✓
家电产品		✓	✓	✓	✓		✓	✓	✓	✓
钟表、珠宝、服饰、化妆品	✓	✓	✓			✓	✓	✓		
理发、美容	✓	✓				✓				
药店、运动器材		✓	✓	✓	✓		✓	✓		
古董、艺廊、乐器	✓	✓	✓			✓	✓	✓		
自动售货机		✓	✓	✓	✓					
展示中心		✓	✓	✓	✓		✓	✓		
旅馆										
门厅、走廊、楼梯	✓	✓	✓			✓	✓	✓		
客房	✓					✓				
会议室	✓	✓	✓			✓	✓	✓		
餐厅							✓	✓		
自助餐厅		✓	✓				✓	✓		
宴会厅	✓					✓				

（续）

应用场所	标准系列		80 系列					90 系列				
	33	54	827	830	840	850	865	927	930	940	950	965
办公大楼												
一般办公室、绘图室				✓	✓					✓		
高级办公室、会议室				✓	✓				✓	✓		
计算机室					✓							
门厅、走廊、接待室				✓	✓	✓			✓	✓		
地下停车场	✓	✓										
住宅			✓					✓	✓	✓	✓	✓
医疗设施												
病房			✓	✓	✓				✓	✓		
诊疗室					✓					✓		
手术室、X 光室、化验室					✓					✓		
产房、恢复室				✓	✓				✓	✓		
等候室、走廊					✓							
公共建筑												
外贸展览馆				✓	✓				✓	✓		
美术馆、博物馆									✓	✓		
图书馆				✓	✓							
体育馆、室内体操场	✓	✓		✓	✓	✓	✓					
保龄球场					✓	✓	✓		✓	✓		
多用途场地	✓	✓		✓	✓	✓						
户外照明	✓	✓										

注：✓代表可选。

表 6-5　TL 系列荧光灯管技术数据表

经济型 TLD33、54 系列

型　号	功率 /W	一般显色指数 /Ra	相关色温 /K	照度 /lm	长度 L /mm	直径 D /mm
TLD18W/33	18	63	4100	1150	604	26
TLD18W/54	18	72	6200	1050	604	26
TLD36W/33	36	63	4100	2850	1213.6	26
TLD36W/54	36	72	6200	2500	1213.6	26

TLD80 系列

型　号	功率 /W	一般显色指数 /Ra	相关色温 /K	照度 /lm	长度 L /mm	直径 D /mm
TLD18W/827	18	85	2700	1350	604	26
TLD18W/830	18	85	3000	1350	604	26

（续）

TLD80 系列

型　号	功率/W	一般显色指数/Ra	相关色温/K	照度/lm	长度 L/mm	直径 D/mm
TLD18W/835	18	85	3500	1350	604	26
TLD18W/840	18	85	4000	1500	604	26
TLD18W/850	18	85	5000	1450	604	26
TLD18W/865	18	85	6500	1410	604	26
TLD36W/827	36	85	2700	3350	1213.6	26
TLD36W/830	36	85	3000	3350	1213.6	26
TLD36W/835	36	85	3500	3350	1213.6	26
TLD36W/840	36	85	4000	3350	1213.6	26
TLD36W/850	36	85	5000	3250	1213.6	26
TLD36W/865	36	85	6500	3250	1213.6	26
TLD58W/827	58	85	2700	5200	1514.2	26
TLD58W/830	58	85	3000	5200	1514.2	26
TLD58W/835	58	85	3500	5200	1514.2	26
TLD58W/840	58	85	4000	5200	1514.2	26
TLD58W/850	58	85	5000	5000	1514.2	26
TLD58W/865	58	85	6500	5000	1514.2	26

TLD90 系列

型　号	功率/W	一般显色指数/Ra	相关色温/K	照度/lm	长度 L/mm	直径 D/mm
TLD18W/927	18	95	2700	950	604	26
TLD18W/930	18	95	3000	1000	604	26
TLD18W/940	18	95	4000	1000	604	26
TLD18W/950	18	98	5000	1000	604	26
TLD18W/965	18	96	6500	1000	604	26
TLD36W/927	36	95	2700	2300	1213.6	26
TLD36W/930	36	95	3000	2350	1213.6	26
TLD36W/940	36	95	4000	2350	1213.6	26
TLD36W/950	36	98	5000	2350	1213.6	26
TLD36W/965	36	96	6500	2300	1213.6	26
TLD58W/927	58	95	2700	3600	1514.2	26
TLD58W/930	58	95	3000	3700	1514.2	26
TLD58W/940	58	95	4000	3700	1514.2	26
TLD58W/950	58	98	5000	3700	1514.2	26
TLD58W/965	58	96	6500	3700	1514.2	26

（续）

TLE 环形荧光灯管 80 系列、经济型 33、54 系列

型　号	功率 /W	一般显色指数 /Ra	相关色温 /K	照度 /lm	长度 L /mm
TLE22W/33	22	63	4100	1250	157
TLE22W/54	22	72	6200	1050	157
TLE32W/33	32	63	4100	2050	246
TLE32W/54	32	72	6200	1750	246
TLE32W/827	32	85	2700	2300	246
TLE32W/830	32	85	3000	2300	246
TLE32W/840	32	85	4000	2300	246

表 6-6　节能灯管技术数据

PL-C 节能灯管

型　号	功率 /W	管电压 /V	管电流 /mA	照度 /lm	一般显色指数 /Ra	相关色温 /K	长度 L /mm	直径 D /mm	灯座
PL-C8W/827	8	47	195	350	85	2700	96	28	G24d-1
PL-C10W/827	10	64	190	600	85	2700	118	28	G24d-1
PL-C10W/830	10	64	190	600	85	3000	118	28	G24d-1
PL-C10W/840	10	64	190	600	85	4000	118	28	G24d-1
PL-C13W/827	13	91	170	900	85	2700	153	28	G24d-1
PL-C13W/830	13	91	170	900	85	3000	153	28	G24d-1
PL-C13W/840	13	91	170	900	85	4000	153	28	G24d-1
PL-C18W/827	18	100	220	1200	85	2700	173	28	G24d-2
PL-C18W/830	18	100	220	1200	85	3000	173	28	G24d-2
PL-C18W/840	18	100	220	1200	85	4000	173	28	G24d-2
PL-C26W/827	26	105	315	1800	85	2700	193	28	G24d-3
PL-C26W/830	26	105	315	1800	85	3000	193	28	G24d-3
PL-C26W/840	26	105	315	1800	85	4000	193	28	G24d-3

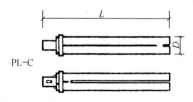

外形尺寸　PL-C

PL-C 相对于灯泡的亮度

PL-C	40 8W	60 10W	75 13W	100 18W	150 26W

（续）

PL＊E/C 电子节能灯泡

型　　　号	功率 /W	一般显色指数 /Ra	相关色温 /K	照度 /lm	长度 L /mm	直径 D /mm
PL＊E/C9W	9	85	2700	400	127	38.5
PL＊E/C11W	11	85	2700	600	143	38.5
PL＊E/C15W	15	85	2700	900	170	38.5
PL＊E/C20W	20	85	2700	1200	190	38.5
PL＊E/C23W	23	85	2700	1500	211	38.5
外形尺寸	 PL＊E/C90					

SL 节能灯泡

型　　　号	功率 /W	一般显色指数 /Ra	相关色温 /K	照度 /lm	长度 L /mm	直径 D /mm
SL＊C9W	9	85	2700	400	153	64
SL＊P9W	9	85	2700	400	153	64
SL＊P9WDL	9	85	5000	375	153	64
SL＊C13W	13	85	2700	600	163	64
SL＊P13W	13	85	2700	600	163	64
SL＊P13WDL	13	85	5000	575	163	64
SL＊C18W	18	85	2700	900	173	64
SL＊P18W	18	85	2700	900	173	64
SL＊P18WDL	18	85	5000	850	173	64
SL＊C25W	25	85	2700	1200	183	64
SL＊P25W	25	85	2700	1200	183	64
SL＊P25WDL	25	85	5000	1050	183	64

注：C—乳白暖色；P—透明暖色；DL—透明日光色。

五、人工音乐彩色喷泉的安装及设备选择

人工音乐彩色喷泉装置的安装应按第一章～第五章及本章前述内容进行。特别是在防水、密封、绝缘、控制上要确保质量。

人工音乐彩色喷泉分为单喷、多喷、音频控制喷、彩色多景音频控制喷等几种，在选择上要正确区分，见表6-7。

表6-7　人工音乐彩色喷泉类别及选择

序　号	名　　称	设　备　选　择
1	单喷	当确定单种喷景时，只要按喷头样本选择所需喷景，确定喷头形式后，按喷头数量、流量确定水泵数量及功率，再配一台单喷景控制器即可成形（包括彩灯控制）

（续）

序号	名　称	设　备　选　择
2	多喷	当确定多种喷景组合时，同样按喷头样本选择所组合的喷景确定喷头形式后，按层次排列好喷头位置。各层次水泵须按层次分开，按各层次喷头流量确定水泵数量及功率，再配上一套PZBQ型程控喷景自动变景器即可，见图6-15
3	音频控制喷景	当确定为音频控制喷景时，按喷头样本选择节奏感比较强的喷头，如孔雀开屏、古风琴管型、圆方礼饼型、展翅型等。同样按喷头数量、流量确定水泵及水下电磁阀，再配上一台音频控制器DYQ-Y型即可形成水、彩灯同音频同步。SXDF型8只为一路，见图6-16
4	彩色多景音频控制喷	当条件许可，确定多种喷景组合、带音频控制喷景及彩色喷泉时，可选择一台CYPA多功能控制台及部分水下电磁阀即可形成水、彩灯同音频同步及自动程控变换喷景，见图6-17
5	彩灯选择	一般喷景可不配彩灯，如日夜工作喷泉要配备彩色水下灯具，一般为一只喷头配一只，如面积较大的喷头，需配多只水下彩色灯具

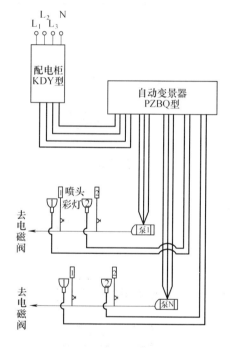

图6-15　彩色自动变景喷泉电气布置图

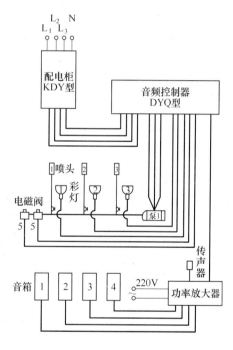

图6-16　音乐彩色喷泉电气布置图

人工彩色音乐喷泉电气设备框图如图6-18所示。

1. DYQ-Y音频控制器（见图6-19）和数据（见表6-8）

表6-8　DYQ-Y音频控制器数据表

序　号	型　号	输入电压/V	输入总功率/kW	外形尺寸/mm			控制个数
				L	W	H	
1	DYQ-Y-2	220	4	620	550	250	2
2	DYQ-Y-3	380/220	6	720	550	250	3
3	DYQ-Y-6	380/220	12	820	550	250	6

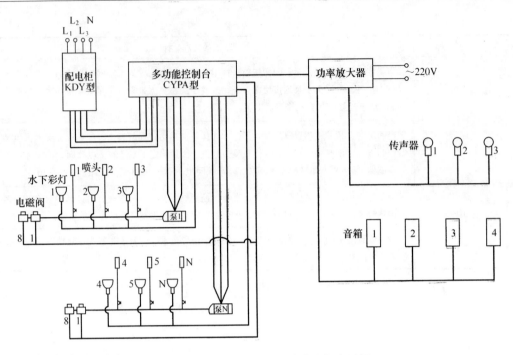

图 6-17　音乐彩色自动变景喷泉电气布置图

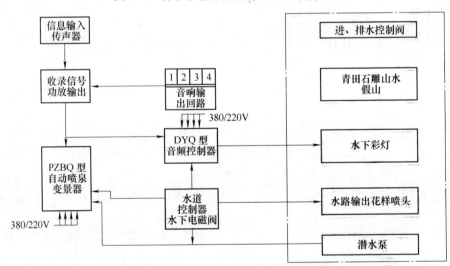

图 6-18　人工彩色音乐喷泉电气设备框图

　　该音频控制器增加了声控自动变化功能，通过逻辑电路分别控制每路输出灯光的亮度，并按程序轮流点亮，轮回变换。其音频控制功能是将音频信号分为高、中、低三档，并将其转换成音频控制信号，控制三路灯及电磁阀。该音频控制器适用于喷池的水下彩色及电磁阀的开闭，使喷水与灯同步变换。

　　DYQ-Y 音频控制器由三相四线 220/380V 供电，其输出控制水泵、灯和喷头，其中泵、电磁阀和喷头是同步动作的，加上控制功放器形成彩色（灯）音乐（音箱）喷泉（喷头）美景。

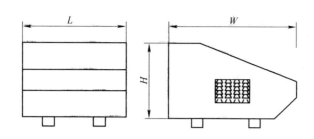

图 6-19　DYQ-Y 音频控制器外形尺寸

2. PZBQ 型程序喷景自动变景器

PZBQ 型程序喷景自动变景器外形尺寸技术数据见表 6-9。

表 6-9　**PZBQ 型程序喷景自动变景器外形尺寸及技术数据**

序　号	型　号	输入电压 /V	输入总功率 /kW	外形尺寸/mm			控制变景个数
				L	W	H	
1	PZBQ-1 景	380/220	4	620	550	250	1
2	PZBQ-2 景	380/220	8	750	550	250	2
3	PZBQ-3 景	380/220	12	880	550	250	3
4	PZBQ-4 景	380/220	15	1000	550	250	4
5	PZBQ-5 景	380/220	20	1100	550	250	5
6	PZBQ-6 景	380/220	24	1200	550	250	6

　　该变景器适用于中小型喷池变景，功能一是程序控制自动变景，变景时间也可长短调节，选好变景时间后，工作时能自动循环变景工作。功能二是喷景与彩灯同步变化。功能三是在允许变景个数内，选择时间即可。

3. CYPA 型多功能控制台

CYPA 型多功能控制台外形尺寸技术数据见表 6-10。其实 CYPA 是上述 DYQ 与 PZBQ 的组合，适用于大中型喷池的控制。

表 6-10　**CYPA 型多功能控制方外形尺寸及技术数据**

序　号	型　号	输入电压 /V	输出功率 /kW	外形尺寸/mm			控制个数
				L	W	H	
1	CYPA-7	380/220	28	1000	960	1250	7
2	CYPA-8	380/220	32	1100	960	1250	8
3	CYPA-9	380/220	36	1200	950	1250	9
4	CYPA-10	380/220	40	1300	950	1250	10
5	CYPA-11	380/220	44	1400	950	1250	11
6	CYPA-12	380/220	48	1500	950	1250	12
7	CYPA-X	380/220	80	1500	950	1250	X

4. SDA-X 型水下照明彩灯

　　该灯可用于广场、公园、宾馆、单位等场所喷水池中的喷泉、盆景、雕塑、假山等处照明及景观用。基本技术数据见表 6-11。

表 6-11　SDA-X 型水下彩灯基本数据

型　号	电压 /V	功率 /W	平均寿命 /h	主要尺寸/mm		备　注
				直径	全长	
SDA1-500	220	500	1000	210	350	各色聚光灯
SDA2-300	220	300	1000	210	350	各色
SDA3-200	220	200	1000	210	350	黄、红、蓝、紫、白
SDB1-150	220	150	1000	210	320	各色
SDB2-100	220	100	1000	210	320	各色
SDC1-200	220	200	1000	210	320	各色
SDE-500	220	500	1000	210	300	各色灯具
SDD-30	220	30	1000	特种灯具		各色光环

5. SXDF 系列水下电磁阀基本数据（见表 6-12）

表 6-12　SXDF 系列水下电磁阀技术特性及参数

型号规格	管径 /mm	工作压差 /MPa	电压 /V	消耗功率 /W	介质温度 /℃	环境调度 /℃	接管形式 /mm	质量 /kg	备　注
SXDF-20K	20	0.23		50			50	15	适用于室内音乐喷泉
SXDF-20KZ	25	0.2	AC 50Hz 220	50			50	15	
SXDF-20KZ	20	0.46		100			50	28	适用于室外音乐喷泉
SXDF-25KZ	25	0.4		100	0 ~ 55	−10 ~ +50	50	28	
SXDF-40KZ	40	0.2		100			50	28	
SXDF-20T	20		AC 24 48 110 220 DC 24	< 15			32	3.5	
SXDF-25T	25	0.05 ~ 0.6		< 15			25	4.5	适用于喷泉喷头自动变化
SXDF-32T	32			< 15			25	5.5	
SXDF-40T	40			< 15			25	5.5	
SXDF-50T	50			< 15			50	6.5	

6. 潜水电泵性能、参数、使用范围（见表 6-13）

表 6-13　潜水电泵性能、参数、使用范围

序号	产品型号	额定扬程 /m	额定流量 /(t/h)	使用范围		功率 /kW	电流 /A	电压 /V	出水口径 /mm
				扬程/m	流量/(t/h)				
1	QY-7A	7	65	3 ~ 9	90 ~ 50	2.2	5.6	380	100
2	QY-15	15	25	10 ~ 20	32 ~ 15	2.2	5.6	380	50
3	QY65-7-2.2	7	65	4.5 ~ 8.5	90 ~ 50	2.2	5.6	380	100
4	QY-25-17-2.2	17	25	12 ~ 19	32 ~ 15	2.2	5.6	380	50
5	QY65-10-3	10	65	5 ~ 12	90 ~ 50	3	6.3	380	100
6	QY40-16-3	16	40	10 ~ 18	45 ~ 35	3	6.3	380	75
7	QY25-36-3	36	15	34 ~ 41	20 ~ 10	3	6.3	380	50
8	7.5JQB4-18	20	80	12 ~ 24	114 ~ 54	7.5	15	380	100

（续）

序号	产品型号	额定扬程 /m	额定流量 /(t/h)	使用范围		功率 /kW	电流 /A	电压 /V	出水口径 /mm
				扬程/m	流量/(t/h)				
9	7.5JQB-9	32	45	30~37	48~38	7.5	15	380	75
10	QDX5X7-2.5	7	5	3~8	8~3	0.25	2.65	220	50
11	QDX5X15-0.55	15	5	8~17	10~3	0.55	4.6	220	50
12	QD7.8-6.5J	6.5	7.8	3~7.5	13~5	0.4	3.8	220	50
13	QDX8-4.6-0.25	4.8	8	4.5~6.5	14~6	0.25	2.4	220	50
14	QDX5-7-0.25	7	5	3~8	8~3	0.25	2.4	220	50
15	QDX3-13-0.25	13	3	6~15	6~2	0.25	2.4	220	25
16	QDX10-10-0.55	10	10	5~12	16~8	0.55	4.6	220	50
17	YQD-11	10	11	5~12	16~9	0.75	4.5	220	50
18	WQ-6	18	8.5	10~20	18~6	1	2.6	380	42
19	WQ-6A	14	8	8~16	17~6	0.75	4.5	380	42
20	QX12.5-50Z	50	12.5	40~60	19~10	4	7.8	380	50
21	QX15-60Z	60	15	50~70	20~10	5	10	380	50

7. 喷头技术数据（见表6-14）

表6-14　喷头技术数据表

序号	名　　　称	接管直径/mm	流量/(m³/h)	喷前水压/MPa	喷高/m	喷洒直径/m
1	可调直喷型	φ20 外螺纹	1.4	0.035	3.0	喷嘴口
			2.2	0.045	4.0	6
		φ25 外螺纹	2.2	0.030	3.0	喷嘴口
			4.7	0.070	6.0	8
		φ50 外螺纹	10.0	0.070	6.0	喷嘴口
			25.0	0.14	10.0	13
2	半球型	φ25 外螺纹	0.6	0.007	0.25	0.60
		φ50 外螺纹	1.4	0.0063	0.5	1.20
		φ75 外螺纹	2.3	0.005	0.8	1.50
3	礼花型通断配电磁阀	φ25 内螺纹	0.7	0.035	3.0	1.0
			1.0	0.050	4.50	1.50
		φ50 内螺纹	1.0	0.040	3.50	1.0
			1.50	0.070	6.50	1.50
4	花柱型	φ25 内螺纹	4.0	0.0121	1.10	0.75
			5.0	0.020	1.85	1.30
		φ50 内螺纹	8.20	0.022	2.0	0.80
			9.0	0.030	2.50	1.40
5	自动旋转型	φ40 内螺纹	5.0	0.037	2.0	旋转速度：35r/min
			7.0	0.040	3.6	旋转速度：50r/min

（续）

序号	名　　称	接管直径/mm	流量/(m³/h)	喷前水压/MPa	喷高/m	喷洒直径/m
6	趵突泉可转换加气型	φ25 外螺纹	2.8 ~ 4	0.035	1.2	0.5
		φ50 外螺纹	9 ~ 11	0.030	2.0	0.7
7	雪松可转换加气型	φ25 内螺纹	8.5	0.060	5.0	1.0
		φ40 内螺纹	11	0.080	6.0	1.5
		φ50 内螺纹	16	0.095	7.0	2.5
		φ75 内螺纹	33	0.15	9.0	3.0
8	喷雾型	φ40 外螺纹	0.87	0.035	1.0	0.5
		φ50 外螺纹	0.9	0.045	1.5	1.0
9	圆礼饼大中小型分频高中低	φ50/40/32 内螺纹	18	0.035	1.5	0.3
		φ50/40/25 内螺纹	22	0.040	1.64	0.5
		φ50/40/25 内螺纹	25	0.055	1.8	0.7
10	牵牛花型	φ25 外螺纹	0.6	0.007	0.25	0.60
		φ50 外螺纹	1.4	0.0063	0.5	1.20
		φ70 外螺纹	2.3	0.005	0.8	1.50
11	古风琴管型	φ50 内螺纹	6 ~ 12.0	0.02 ~ 0.07	1.6	长度 1.5
					6.5	
12	孔雀开屏型	φ50 内螺纹	6 ~ 12.0	0.02 ~ 0.07	1.6	长度 1.5
					6.5	
13	向心型	φ100 外螺纹	25	0.10	4.5	0.7
		φ100 外螺纹	35	0.15	6.0	1.0
		φ100 外螺纹	50	0.20	7.0	1.5
14	蒲公英型	φ50 外螺纹	25	0.030	2.0	1.5
15	方礼饼大中小型分频高中低	φ50/40/32 内螺纹	13.7	0.036	1.5	0.3×0.3
		φ65/50/40 内螺纹	21.2	0.042	1.65	0.5×0.5
		φ75/65/50 内螺纹	28.6	0.058	2.0	0.7×0.7
16	半球蒲公英型	φ50 外螺纹	20	0.015	0.7	0.7
17	水线型	φ50 内螺纹	3.0	0.030	2.0	长度 0.9
			6.0	0.050	4.0	
18	蝴蝶展翅型配电磁阀	φ50 内螺纹	3.5	0.030	2.0	0.9
			6.0	0.040	3.0	
19	蝴蝶型	φ50 内螺纹	3.0	0.015	1.0	长度 0.9
			6.0	0.070	6.0	
20	螺旋阶梯型	φ100 外螺纹	25	0.025	2.0	0.5
			35	0.029	2.5	0.8
21	五叶自动开花型	φ20 外螺纹	1.4	0.01	0.5	0.6
		φ25 外螺纹	2.2	0.01	0.7	0.8
		φ50 外螺纹	5.0	0.02	1.0	1.2

（续）

序号	名　　称	接管直径/mm	流量/（m³/h）	喷前水压/MPa	喷高/m	喷洒直径/m
22	可调树叶型	$\phi20$	2.0			
		$\phi25$	2.5	定型除外，尺寸可按		
		$\phi40$	2.7	用户设计要求特殊铸造		
		$\phi50$	3.3			
23	自动水轮车 配水下电动机	$\phi20$ 外螺纹	2.8	0.02	1.2	1.2
		$\phi50$ 外螺纹	2.2	0.03	1.6	1.6
24	单头自动摇摆型 配水下电动机	$\phi25$ 内螺纹	2.0	0.035	2.5	摇摆角 ±30°
25	双头自动摇摆型 配水下电动机	$\phi25$ 内螺纹	3.0	0.055	4.9	摇摆角 ±30°
			4.0	0.068	5.8	
26	自动开花型 配水下电动机	$\phi25$ 内螺纹	6.5	0.015	0.5	0.8
		$\phi50$ 内螺纹	9.5	0.021	0.8	1.2
27	舞动交叉型 配水下电动机	$\phi50$ 内螺纹	5.89	0.065	5.0	长度1.5
28	舞动屏风型 配水下电动机	$\phi50$ 内螺纹	5.89	0.063	6.3	长度1.5
29	华尔兹舞型 配水下电动机	$\phi50$ 内螺纹	5.0 ~ 7.0	0.02 ~ 0.06	1.5 ~ 5.0	摇摆角 ±30°
30	水景报时型 配专用控制台	$\phi50$ 外螺纹	30	0.013	0.5 ~ 0.1	0.8 × 1.5

8. SXJXH-X 水下接线盒

该盒可接数只灯或数台泵，外形及型号规格见图6-20及表6-15。

表6-15　SXJXH-X 水下接线盒基本数据表

型　　号	接管直径/mm	外形尺寸/mm		线孔个数
		L	H	
SXJXH-4	20	140	100	4
SXJXH-6	25	170	100	6
SXJXH-8	25	200	100	8

人工音乐彩色喷泉的安装、调试除了上述的要求以外，在安装过程中有条件的情况下最好是由一位搞过美术、布景、广告的专业人士作为喷泉布置的指导，不能只按设计图样布置，在不增加设备、材料的条件下，尽量使其具有艺术性、观赏性。当然这些布置的变更也应得到设计单位的认同。这样不仅能使喷泉的功能达到建设单位的需求，也能使这些专业人士和设计人员达到互补和沟通，一举两得。

六、舞台照明装置的安装

舞台照明装置很复杂，为了保证其效果的艺术性、观赏性，在设计、安装时必须遵守以下规定，见

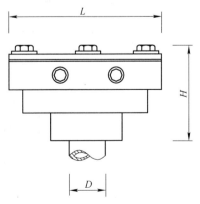

图6-20　SXJXH-X 水下接线盒外形

表6-16 ~ 表6-17。

表6-16　国际照明委员会（CIE）推荐使用的舞台灯光灯具符号

图　例	名　称	图　例	名　称
	螺纹聚光灯		封闭式定向聚光灯
	广角泛光灯		柔光灯
	专用射束泛光灯		聚光灯
	轮廓聚光灯		双聚焦图像聚光灯
	特技幻灯		特殊灯
	天排灯		追光灯
	脚光灯		回光灯

表6-17　舞台灯光部位的划分及配用灯具装置表

序号	名　称	定　义	装置及用途	配用灯具
1	面光	装在舞台大幕之外，观众厅顶部的灯，有第一道、第二道面光灯，后面的楼厢面光灯、中部聚光灯等也有类似作用	没有舞台不设面光，面光是舞台中不可缺少的。主要投向舞台前部表演区（如大幕线后 8 ~ 10m），供人物造型或构成台上物体的立体效果	多用聚光灯，可调焦距和光圈；少数采用回光灯，并有装置追光灯的可能
2	侧面光	在剧场楼上观众席两翼所装设的部分灯具，光线从两侧投向舞台前表演区	作为面光的补充	同面光
3	耳光	分左耳光和右耳光，装在舞台大幕外左右两翼靠近台口的位置，光线从侧面投向舞台表演区	与面光相似，呈左右交叉地射入舞台表演区中心，用来加强舞台布景、道具和人物的立体感。是舞台必不可少的光。尤其作为舞蹈的追光，随演员流动。耳光应能射到舞台的每个部分	聚光灯、回光灯
4	顶光	在大幕后顶部的灯具，一般装在可升降的吊桥上，也可装在吊杆上，主要投射于中后部表演区。从台口檐幕向后顺序安装为二顶光、三顶光、四顶光	投射于中后部表演区，用夹具装在管子上，在所需处定位，也可吊在吊杆上（如跟踪机构）主要用于需从上部进行强烈照明的场合。可分别由前部、上部和后部投射，根据不同时间要求，决定方向、光柱、孔径	聚光灯

（续）

序号	名称	定义	装置及用途	配用灯具
5	顶排光	位于舞台上部的排灯，装在每道檐幕后边吊杆上，形成一排排条灯。称为一排光、二排光、三排光等	给整个舞台以均匀照明，用于表演区或布景。为使照明均匀布置，其与顶排灯之间应保持一定距离 这是一种不可缺少的舞台灯，开会、报告、演出均需要。一般剧场装 3~4 排，特深舞台可增加 1~2 排	泛光灯
6	柱光	在舞台大幕内两侧的灯具，装在"伸缩活动台口"上面或装在立式铁架上。光线从台口内侧投向表演区。按顺序向里可称为二道柱光、三道柱光等。也称为梯子光、内侧光、内耳光	弥补面光、耳光之不足，其作用与前两者相似。可更换色片或作追光使用	灯的投射距离较近，功率较小，一般用聚光灯，也可间用少量柔光灯
7	脚光	装在大幕外台唇部的条灯，光线从台板向上投射于演员面部或照明闭幕后的大幕下部	可弥补面光过陡，消除鼻下阴影，也可根据剧情需要，为演员增强艺术造型的投光，弥补顶光、侧光的不足。闭幕时，投向大幕下方，也可用色光改变大幕色彩；歌舞剧可用来照射下身服装与足部以增强效果	采用球面、抛物面或椭圆形反射器的成排灯具均匀照明，功率为 60~100W 或 200W
8	侧光	在舞台两侧天桥上装的灯，光线从两侧高处投向舞台。天桥由低向高顺序称为一道侧光、二道侧光、三道侧光，并有左侧光、右侧光之分，有时也称为桥光	照射演员面部的辅助照明；并可加强布景层次	聚光灯
9	天排光	在天幕前舞台上部的吊杆上，是专门俯射天幕用的灯具	作天空布景照明用，设在特制的天幕顶光桥上，一般距天幕的水平距离为 3~6m，因作天空布景用要求有足够的亮度，灯的功率较大光色变换也要多（约 1~2 色），色别回路数多，照明要求平行而且均匀。可装成一排、二排，排内还可分上下层	泛光灯，要求照明均匀，投光角度尽可能大
10	地排光	设在天幕前台板上，或专设的地沟内，是仰射天幕的灯具。如天幕用塑料，也可将灯具放在天幕后地面上打逆光	成排灯具均匀地摆在舞台后面地板上或装在地板沟槽内，距天幕 1~2m。用来表现地平线、水平线、高山日出、日落等。在天空和地平线（水平线）之间用地排灯照明，能显现出"无限距离"的效果	泛光灯具，如表现白天、黑夜、早晨、黄昏、四季、云彩变换等还应使用云灯、效果灯、幻灯等自下部照向天幕

（续）

序号	名　称	定　义	装置及用途	配用灯具
11	流动光	指放在台板上带有灯架，能随时移动的灯具	位于舞台侧翼边幕处，目的是加强气氛，其角度可临时调动。灯高约6m，一般功率较大。从侧面照设演员，如太阳照射一样。因此，需在舞台两侧靠边幕处设置一定数量的插销，装在舞台地板内，加盖	采用聚光灯、回光灯、柔光灯等

（一）抗干扰措施

1）变压器应选用△/Ｙ$_N$接线方式，以降低干扰源。

2）如有两台变压器供电或两个低压电源供电时，电声与舞台灯光应分别由不同变压器或不同回路供电。

3）传声器、广播、电视线路用屏蔽线穿钢管敷设，并尽量减少与调光照明回路平行铺设，无法避免时，应相距8m以上。

4）调光回路应设专门零线，直接引自变压器中性点，不能和中性线合用，以减少干扰，穿线钢管应接地。

5）如供电变压器只有一台时，扩声设备输出噪声超过允许值，则应加装1∶1的隔离变压器，为扩声供电。

6）扩播室、效果声室应尽量远离调光控制室。

7）有条件时，将灯光控制室加以屏蔽。

8）若采用新设备时则应采取相应的抗干扰措施。

（二）安装及调试

1. 舞台照明布置平面图（见图6-21）

图6-21中灯具的标注、具体参数见表6-18和表6-19，并按其要求进行安装，安装方法、注意事项与前述章节内容相同，特别要保证其牢固性。

表6-18　舞台照明装置明细表

舞台灯光名称		面光	左耳光	右耳光	左柱光	右柱光	左侧桥光	右侧桥光	左流动光	右流动光	一顶排光	二顶排光	三顶排光	四顶排光	特技光	台口脚光	合计	一天排光	二天排光	直放追光	天幕配光
60回路	舞台灯光回路数	12	6	6	5	5	4	4	3	3	4	4	2			2	60	4	3	7	20
	配出回路编号	1~12	13~18	19~24	25~29	30~34	35~38	39~42	43~45	46~48	49~52	53~56	57~58			59~60				D1~D7	
90回路	舞台灯光回路数	18	8	8	8	8	6	6	4	4	6	6	4		2	2	90	4	4	7	30
	配出回路编号	1~18	19~26	27~34	35~42	43~50	51~56	57~62	63~66	67~70	71~76	77~82	83~86		87~88	89~90				D1~D7	

（续）

舞台灯光名称		面光	左耳光	右耳光	左柱光	右柱光	左侧桥光	右侧桥光	左流动光	右流动光	一顶排光	二顶排光	三顶排光	四顶排光	特技光	台口脚光	合计	一天排光	二天排光	直放追光	天幕配光
120 回路	舞台灯光回路数	24	8	8	8	8	8	8	6	6	14	6	6	6	2	2	120	6	6	7	40
	配出回路编号	1~24	25~32	33~40	41~48	49~56	57~64	65~72	73~78	79~84	85~98	99~104	105~110	111~116	117~118	119~120					

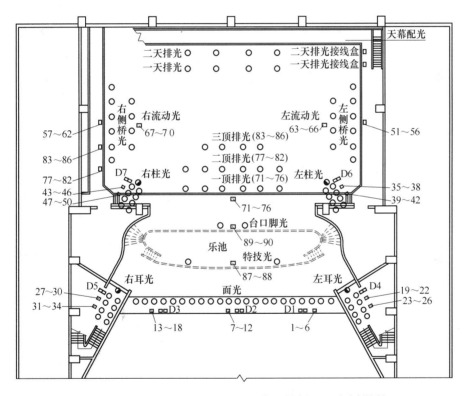

注：本图以 90 回路为例绘制。

图 6-21　舞台照明装置布置平面图（例）

表 6-19　舞台照明装置名称、型号参数及用途表

名称及型号	电压/V	配用灯	灯色温/K	外形尺寸 $L \times W \times H$/mm	速选参数				质量/kg	用　途
远程轮廓聚光灯 WJD-D2	220	JG. 220V 2000W	3000	450×395 ×380	投程/m	20	25	30	35	9.5	用于耳光、面光、追光，最佳投程为25m
					光斑/m	2.6	3.2	3.9	4.5		
					照度/lx	1665	1078	748	550		

（续）

名称及型号	电压/V	配用灯	灯色温/K	外形尺寸 L×W×H/mm	速选参数					质量/kg	用　途
中程轮廓聚光灯 WJD-D1	220	JG. 220V 1000W	3000	430×395 ×380	投程/m	10	15	20	25	6	用于耳光、柱光、桥光，最佳投程为20m
					光斑/m	3.0	3.5	4.6	5.5		
					照度/lx	2400	1300	958	600		
中程轮廓聚光灯 WJD-C1	220	JG. 220V 1000W	3000	430×395 ×380	投程/m	10	15	20	20	9	用于耳光、柱光、侧光，最佳投程为19m
					光斑/m	2.3	3.6	4.5	5.4		
					照度/lx	2400	1200	600	420		
远程轮廓聚光灯 WJD-C2	220	JG. 220V 2000W	3000	430×395 ×380	投程/m	10	15	20	25	5.9	用于耳光、面光、桥光，最佳投程为20m
					光斑/m	2.5	3.0	3.5	4.3		
					照度/lx	1562	1650	850	540		
近程轮廓聚光灯 WJD-B	220	LJS. 220V 750W	3000	300×190 ×230	投程/m	8	12	15	20	4.5	用于耳光、侧光、柱光、桥光，最佳投程为10m
					光斑/m	2.5	2.8	3.4	4.5		
					照度/lx	1200	1050	950	800		
远程轮廓聚光灯 WJD-A2	220	LJS. 220V 1000-1250W	3000	459×350 ×250	投程/m	15	20	25	30	5.5	用于面光、耳光、侧光、柱光，最佳投程为20m
					光斑/m	2.7	3.5	4.0	4.6		
					照度/lx	1650	1060	720	500		
天排散光灯 WTD-1	220	LJS. 220V 1000-1250W	3000	480×240 ×397						6	用于天幕、纱幕、会议照明，最佳投程为3m
地排散光灯 WDD-2	220	LJS. 220V 1000-1250W	3000	480×240 ×400						6.5	用于天幕、纱幕、会议照明，最佳投程为3m
舞台脚光灯 WJD-4	220	LJS. 55V 125W×4	3000	820×120 ×245						5.5	用于脚光、纱幕、中景，最佳投程为2m
舞台脚光灯 WJD-8	220	LJS. 55V 100W×8	3000	1100×100 ×90						4.4	用于脚光、纱幕、中景
无透镜回光灯 WHD-2	220	LJS. 220V 1000W	3000	370×380 ×370	投程	10m		20m		4.5	用于面光、耳光、侧光、柱光、桥光，最佳投程为15m
					光斑	3m		5m			
					照度	2500lx		900lx			
透镜聚光灯 WJD-A	220	LJS. 220V 750W	3000	430×350 ×250	投程	15m				4.5	用于面光、耳光、侧光、柱光、桥光，最佳投程为15m
					光斑	2～4.5m					
					照度	2000lx					
无透镜回光灯 WHD-1	220	LJS. 220V 750W	3000	370×300 ×270	投程	10m				4.0	用于侧光、柱光、面光、顶光、桥光，最佳投程为10m
					光斑	1.5～4.5m					
					照度	900lx					

（续）

名称及型号	电压/V	配用灯	灯色温/K	外形尺寸 L×W×H/mm	速选参数			质量/kg	用　途
无透镜回光灯 WHD-3	220	LJS. 220V 1250W	3000	370×400×380	投程	20m		4.5	用于面光、耳光、侧光、柱光、桥光，最佳投程为20m
					光斑	3.5m			
					照度	1060lx			
透镜柔光灯 WRD-2	220	LJS. 220V 750W	3000	930×350×250	投程	8m		4.5	用于顶光、侧光，最佳投程为8m
					光斑	2~4.5m			
					照度	1800lx			
透镜柔光灯 WRD-1	220	LJS. 220V 1000W	3000	430×350×250	投程	10m		5	用于追光，最佳投程为10m
					光斑	0.3~2m			
					照度	2100lx			
散光灯 WSD-1	220	LJS. 220V 1000W	3000	480×240×397				6	用于天幕、纱幕、会议照明，最佳投程为3m
投影幻灯 WTJD-2	220	LJS. 220V 1000W	3000	630×270×390	投程	3m	投程 2.5m	15.5	用于天幕投景，最佳投程为3m
					实像直径	6m	照度 500lx		
透镜柔光灯 WRD-3	220	LJS. 220V 1000W	3000	430×400×380	投程	15m		8.5	用于侧光、柱光、面光、顶光、桥光，最佳投程为10m
					光斑	4.0m			
					照度	1200lx			

名称及型号	电压/V	配用灯	外形尺寸 L×W×H/mm	速选参数				质量/kg	用　途
透镜柔光灯 WRD-4	220	JG. 220V 1000W	460×390×200	投程	10m			6.5	用于耳光、侧光、柱光、顶光、桥光，最佳投程为10m
				光斑	2~4.5m				
				照度	2000lx				
透镜柔光灯 WRD-5	220	JG. 220V 500W	460×390×400	投程	8m			4	用于侧光、柱光、顶光、桥光，最佳投程为8m
				光斑	1.5~4.5m				
				照度	2500lx				
追光灯 WZD-D	220	LJS. 220V 750W	750×220×300	色温	投程	光斑	照度	10	用于舞台追光及电影电视拍摄内外景，最佳投程为15~30m分动变焦
				5500K	15m	φ2.5m	4200lx		
追光灯（遥控） WYZD-A	220	LJS. 220V 1000W	1000×200×300	色温	投程	光斑	照度	10	用于舞台追光及电影电视拍摄内外景，最佳投程为30~60m分动变焦
				5500K	30m	φ2.5m	4000lx		

（续）

名称及型号	电压 /V	配用灯	外形尺寸 $L \times W \times H$/mm	速选参数			质量 /kg	用　途
中程无透镜回光灯 WHD-4	220	JG. 220V 2000W	$540 \times 420 \times 540$	投程	10m	25m	10.5	用于面光、耳光、侧光、柱光、桥光，最佳投程为20m
				光斑	3m	5m		
				照度	4500lx	900lx		
中程无透镜回光灯 WHD-5	220	JG. 220 1000W	$480 \times 400 \times 480$	投程	20m		7.5	用于面光、耳光、侧光、柱光、顶光、桥光，最佳投程为15m
				光斑	4.5m			
				照度	1200lx			
无透镜回光灯 WHG-6	220	JG. 220V 500W	$350 \times 380 \times 350$	投程	8m		2	用于侧光、柱光、桥光，最佳投程为8m
				光斑	2~4.5m			
				照度	1000lx			
散光灯 WSD-2	220	LJS. 220V 500W	$220 \times 150 \times 180$				0.5	用于天幕、纱幕、会议照明，最佳投程为8m

注：轮廓聚光灯系列包括6m、8m、10m、15m、20m、25m、30m、35m 8种投程。

2. 舞台照明装置调光控制设备的安装

1）舞台照明装置调光控制设备及线缆布置图见图6-22。

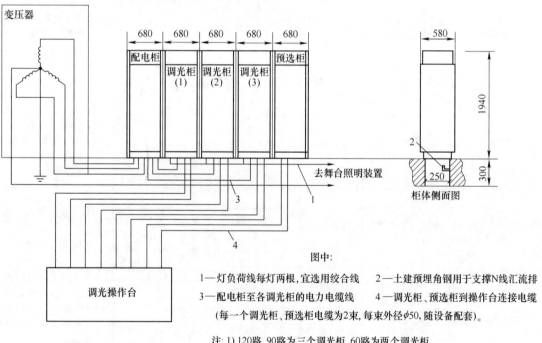

图中：

1—灯负荷线每灯两根，宜选用绞合线　　2—土建预埋角钢用于支撑N线汇流排

3—配电柜至各调光柜的电力电缆线　　4—调光柜、预选柜到操作台连接电缆

（每一个调光柜、预选柜电缆为2束，每束外径ϕ50，随设备配套）。

注: 1）120路、90路为三个调光柜，60路为两个调光柜。

2）照明电源和音频设备电源宜分开，布线时采用各自的金属配管。

3）在灯具分配上，最好考虑L1、L2、L3三相都应分布一组常用光，以利三相用电平衡。

4）其他要求见第一章～第五章。

图 6-22　舞台照明装置调光控制设备及线缆布置图

其中，变压器的安装，配电柜、调光柜、预选柜、调光操作台的安装，电缆的安装，管路敷设详见本书第三章相关内容。

这里需要特别指出的是所有设备、线缆在安装前必须进行测试和试验，确保其质量及功能，详见本丛书《电气设备、元件、材料的测试及试验》分册。

2）舞台调光设备的型号很多，一般均采用晶闸管调光器，也有采用程控调光器的。

舞台用晶闸管调光器型号、参数及功能见表6-20和表6-21。

表6-20　KS型晶闸管调光器型号、参数及功能表

序号	型　　号	回路数	电压 /V	输出总功率 /kW	控制台外形尺寸 $L \times H \times W$/mm	性能说明
1	SGKT-7	7	380	14	$450 \times 150 \times 380$	适用固定舞厅、文艺流动团体灯光控制。控制方式：单独控、集控、音控、自编程控。控制台与单机组合或分立，分立箱尺寸：$L750 \times W240 \times H650$、850、1000、1200四种嵌墙式
2	SGKT-14	14	380	28	$450 \times 150 \times 380$	
3	SGKT-21	21	380	42	$580 \times 150 \times 380$	
4	SGKT-28	28	380	56	$760 \times 150 \times 380$	
5	SGKT-30	30	380	120	$700 \times 900 \times 800$	适用中小影剧院、俱乐部，控制方式：自控、多场预选、场间叠加控制、分断控制、特景控制，内有七路自编程控及声控，结构为组合式
6	SGKT-46	46	380	180	$850 \times 900 \times 800$	
7	SGKT-60	60	380	240	$1050 \times 900 \times 800$	
8	SGKT-60	60	380	240	$1000 \times 900 \times 800$	成套固定设备，控制台各1台，60、90调光柜1个，120、180调光柜2个，240调光柜4个，调光柜尺寸90路柜$W550 \times H2000 \times L600$，60路柜$W550 \times H1800 \times L600$
9	SGKT-90	90	380	360	$1400 \times 900 \times 800$	
10	SGKT-120	120	380	480	$1700 \times 900 \times 800$	
11	SGKT-180	180	380	720	$1400 \times 900 \times 900$	
12	SGKT-240	240	380	960	$1700 \times 900 \times 900$	

表6-21　KTC、CFK系列舞台晶闸管调光器型号、参数及功能表

序号	型　　号	电　压 /V	功率 /kW	外形尺寸 $L \times W \times H$/mm	备　　注
1	CFK1-10	220	10	$270 \times 220 \times 160$	小巧轻便，装有提手柄，特别适用于追光和需独立控制的地方
2	CFK3-10/1	380/220	30	$430 \times 423 \times 220$	有自控、集控，可独立使用或和总控配套使用。输出负载采用接线柱，适用原来有配电盘的单位使用
3	CFK3-10/2	380/220	30	$430 \times 423 \times 220$	在Ⅰ型的基础上，输出负载每路用5只接线柱、4只开关、5只熔断器，与负载接通可做独立控制，起配电盘作用
4	CFK3-10/3	380/220	30	$430 \times 423 \times 220$	输出负载用插孔，其余同Ⅰ型
5	CFK3-10/4	380/220	30	$430 \times 423 \times 220$	在Ⅱ型、Ⅲ型的基础上，每回路加装5只直通开关、5只输出指示灯，在不需要调光的情况下，使负载灯泡直接与电源接通

（续）

序号	型号	电压 /V	功率 /kW	外形尺寸 $L \times W \times H$/mm	备 注
6	CFK-40	380/220	120	570×285×420	控制方式同 CFK3-10/1 型
7	CFGO-6	220		420×400×250	
8	CFGO-9	220		420×400×250	型号中的 6、9、12、15、18 表示分别控制 6、9、12、15、18 个回路
9	CFGO-12	220		650×420×250	
10	CFGO-15	220		650×420×250	
11	CFGO-18	220		650×420×250	
12	KTC-A-45	380	270	1260×900×1300	由抽屉柜、预选柜、控制台组合而成
13	KTC-A-60	380	360	800×700×1300	
14	KTC-A-90	380	540	1140×900×1300	
15	KTC-A-120	380	720	1500×900×1300	成套固定设备，型号中的 60（其中控制台 1 个、调光柜 2 个）、90、120（其中控制台 1 个、调光柜 3 个）、180、240 调光柜 6 只，表中外形尺寸为控制台，调光柜尺寸 30 路 $L520 \times W520 \times H1940$、42 路 $L680 \times W580 \times H1940$
16	KTC-A-180	380	780	1500×900×1250	
17	KTC-A-240	380	1440	1900×900×1250	
18	KTC-B-60	380	360	800×900×1300	
19	KTC-B-90	380	540	1140×900×1300	
20	KTC-B-120	380	720	1500×900×1300	
21	SJ-40 型灯光记忆控制台	220		1050×1040×780	配套 KTC 型调光柜，适用电影、摄影棚灯光控制

七、歌舞厅、宴会厅声光控制装置及照明灯具的安装

歌舞厅、宴会厅声光效果装置与舞台灯光有很多相似之处，只是在布置、灯具选择、控制设备、实用效果上有些不同，安装方法及注意事项基本相同。

歌舞厅、宴会厅声光效果控制设备主要有台式声光控制台（如 SGKT 型等）、落地式声光控制台（如 SGKD 型等）、程序控制声控调光装置板（如 ZHBM-1 型等）、手动调光装置板（如 ZHBM-2 型条）、程序控制计算机板（如 ZHBM-3 型等）。这些设备功能繁多，如 SGKD 型声光控制台主要有功放、录放音机、音频控制及卡拉 OK 机等功能。

SKGTZ（F）型台式灯光控制台主要控制功能：

1）音频控制：音频信号输入至控制台，控制输出灯光亮度。灯光的亮度随着音频高低变化自动调节。

2）程控自动调光：通过逻辑电路分别控制每路输出灯光亮灭。程控程序由用户自行设定，并可随时任意修改。每回路可程控或不程控，任意选择。程控输出亮度任意调节。

3）手动调光控制：每回路输出可调光控制，也可多路集中控制，输出亮度任意调节。

4）其他调控功能：其中，组合式适用于中小型歌舞、宴会厅所，分立式适用于大中型歌舞、宴会厅所。其型号、参数及功能见表 6-22、接线方式见图 6-23 和图 6-24。

表 6-22　SGKT 系列台式灯光控制台型号参数功能表

组合式设备

型　号	交流输入		输出回路	总功率 /kW	外形尺寸/mm		
	相　数	电压/V			L	H	W
SGKTZ-71	3	380/220	7	7	450	110	390
SGKTZ-141	3	380/220	14	14	550	110	390
SGKTZ-211	3	380/220	21	21	710	110	390
SGKTZ-281	3	380/220	28	28	860	110	390
SGKTZ-72	3	380/220	7	14	450	110	390
SGKTZ-142	3	380/220	14	28	550	110	390
SGKTZ-212	3	380/220	21	42	710	110	390
SGKTZ-282	3	380/220	28	56	860	110	390
SGKTZ-73	3	380/220	7	21	450	110	390
SGKTZ-143	3	380/220	14	42	550	110	390
SGKTZ-213	3	380/220	21	63	710	110	390
SGKTZ-283	3	380/220	28	84	860	110	390

分立式设备主机

型　号	交流输入		输出回路	总功率 /kW	外形尺寸/mm		
	相　数	电压/V			L	H	W
SRTGF-73	3	380/220	7	21	450	230	250
SRTGF-143	3	380/220	14	42	650	230	250
SRTGF-213	3	380/220	21	63	850	230	250
SRTGF-283	3	380/220	28	84	1050	230	250
SRTGF-74	3	380/220	7	28	450	230	250
SRTGF-144	3	380/220	14	56	650	230	250
SRTGF-214	3	380/220	21	84	850	230	250
SRTGF-284	3	380/220	28	112	1050	230	250
SRTGF-76	3	380/220	7	42	550	230	250
SRTGF-146	3	380/220	14	84	750	230	250
SRTGF-216	3	380/220	21	126	950	230	250
SRTGF-286	3	380/220	28	168	1150	230	250

分立式控制台

型　号	交流输入		控制回路数	外形尺寸/mm		
	相　数	电压/V		L	H	W
SGKTF-7	1	220	21	450	110	390
SGKTF-14	1	220	42	550	110	390
SGKTF-21	1	220	63	710	110	390
SGKTF-28	1	220	84	860	110	390

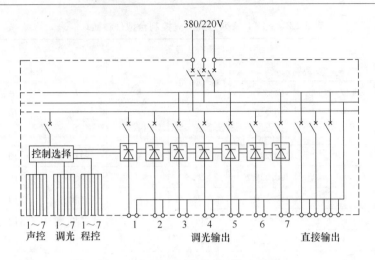

图 6-23　SRTG 调光装置系统电路图

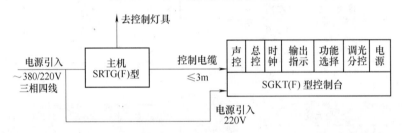

图 6-24　SRTG 调光装置接线系统图

歌舞厅、宴会厅声光效果控制装置及灯具安装前要进行模拟试验，并按其说明书要求进行，测试其控制效果，完全吻合后才能进行安装。

管路敷设、灯具及灯架安装系统接线与前述章节相同，并应做好接地/接零，并实测其接地电阻应小于或等于 1Ω。

消费场所的设备安装应与土建工程配合，模拟试验应在土建完工后进行，并在室外用 dB 表测试噪声应小于或等于 65dB。

八、医疗 X 光机机房电气设备的安装

X 光机作为一种重要的医疗器械在医疗行业非常重要，其机房电气线路及设备的安装关系到机器的正常使用，这里对其机房平面布置、开关及导线选择及注意事项做一简介。

1）管电流 200mA X 光机（一）。机房平面布置图见图 6-25。开关、导线选择见表 6-23，X 光机主要技术性能见表 6-24。

表 6-23　开关、导线选择（一）

电源箱进线		电源箱至控制台			备注
供电电压/V	开关型号	供电电压/V	开关型号	导线选择	
380/220	TO-100BA/3200（100A） CM1-100C/3200（100A）	220	TO-100BA/3300（60A） CM1-100C/3300（60A）	BV-2×25，SC32	单相
		380	TO-100BA/3300（30A） CM1-100C/3300（32A）	BV-2×16，SC32	两相

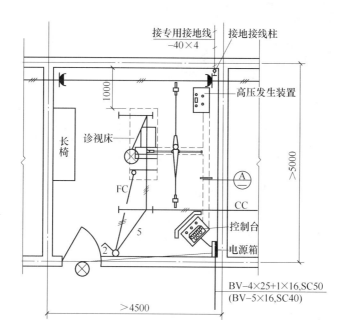

电缆沟剖面
Ⓐ

图 6-25　管电流 200mA X 光机（一）机房电气平面布置图

表 6-24　200mA X 光机主要电气技术性能（一）

项　　目		内　　容
透　视	管电流	0.5 ~ 5mA　连续可调
	管电压	40 ~ 90kV　连续可调
摄　影	管电流	30 ~ 200mA　分档可调
	管电压	50 ~ 100kV　连续可调
	曝光时间	0.05 ~ 6s 分 23 档可调
电源条件	容　量	大于或等于 10kVA
	电压（单相）（两相）	$220 \times (1 \pm 10\%)$ V；$380 \times (1 \pm 10\%)$ V
	内　阻	220V 时，0.35Ω；380V 时；1Ω
	频　率	50Hz

2）管电流 200mA X 光机（二）。机房平面布置图见图 6-26，开关导线选择见表 6-25，主要技术性能见表 6-26。

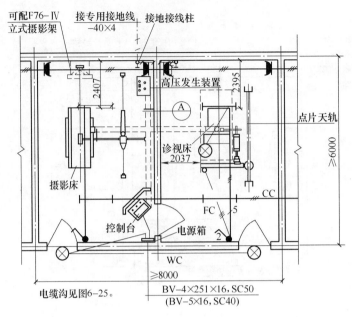

图 6-26　管电流 200mA X 光机（二）机房电气平面布置图

表 6-25　200mA X 光机机房开关导线选择（二）

电源箱进线		电源箱至控制台			备注
供电电压/V	开关型号	供电电压/V	开关型号	导线选择	
380/220	TO-100BA/3200（100A） CM1-100C/3200（100A）	220	TO-100BA/3300（50A） CM1-100C/3300（50A）	BV-2×25，SC32	单相
		380	TO-100BA/3300（30A） CM1-100C/3300（32A）	BV-2×16，SC32	两相

表 6-26　200mA X 光机主要电气技术性能

项　目		内　容
透　视	管电流	1～5mA　连续可调
	管电压	40～90kV　连续可调
摄　影	管电压	50～100kV　连续可调
	管电流	30～200mA 分 5 档可调
	曝光时间	0.05～6s 分 23 档可调
电源条件	容　量	≥10kVA
	电压（单相）（两相）	220×（1±10%）V；380×（1±10%）V
	内　阻	220V 时，0.35Ω；380V 时，1Ω
	频　率	50Hz

3）管电流 300mA X 光机。机房平面布置见图 6-27，主要技术性能见表 6-27，开关导线选择见表 6-28。

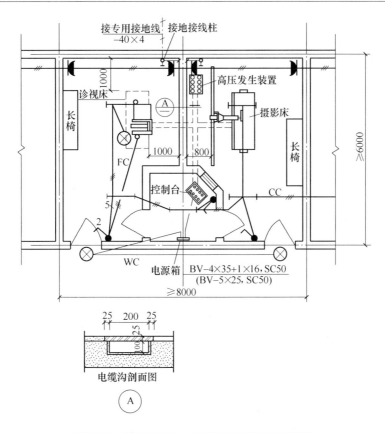

图 6-27　管电流 300mA X 光机机房平面布置图

表 6-27　300mA X 光主要电气技术性能

项　　目		内　　容
透　视	管电流	0.5~5mA　连续可调
	管电压	45~110kV　连续可调
摄　影	管电压	50~125kV　连续可调
	管电流	25~300mA　分档可调
	曝光时间	0.02~5s 分 23 档可调
电源条件	容　量	25kVA
	电压（单相）（两相）	$220 \times (1 \pm 10\%)$ V；$380 \times (1 \pm 10\%)$ V
	内　阻	220V 时，0.3Ω；380V 时；0.9Ω
	频　率	50Hz

表 6-28　300mA X 光机机房开关导线选择表

电源箱进线		电源箱至控制台			备注
供电电压/V	开关型号	供电电压/V	开关型号	导线选择	
380/220	TO-225BA/3200（125A） CM1-225C/3200（125A）	220	TO-100BA/3300（75A） CM1-100C/3300（80A）	BV-2×35，SC40	单相
		380	TO-100BA/3300（50A） CM1-100C/3300（50A）	BV-2×25，SC32	两相

4）管电流400mA X 光机。机房平面布置图见图6-28，主要电气技术性能见表6-29，开关导线选择见表6-30。

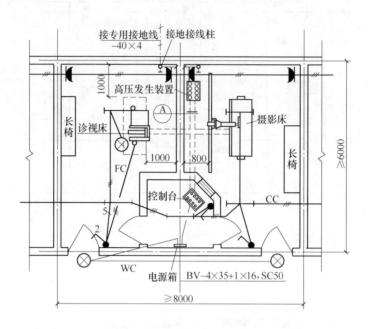

图 6-28　管电流 400mA X 光机机房电气平面布置图

表 6-29　管电流 400mA X 光机主要电气技术性能表

项　　目		内　　容
透视	管电流	0.5~5mA 连续可调
	管电压	45~110kV 连续可调
摄影	管电压	45~125kV 连续可调
	管电流	25~400mA 分档可调
	曝光时间	0.02~5s 分23 档可调
电源条件	容量	25kVA
	电压（两相）	380V
	内阻	0.75Ω
	频率	50Hz

表 6-30　400mA X 光机机房开关导线选择表

电源箱进线		电源箱至控制台			备注
供电电压/V	开关型号	供电电压/V	开关型号	导线选择	
380/220	TO-225BA/3200 （125A） CM1-225C/3200 （125A）	380	TO-100BA/3300 （60A） CM1-100C/3300 （63A）	BV-2×35，SC40	两相

5）管电流500mA X光机。机房平面布置见图6-29和图6-30，主要电气技术性能见表6-31，开关导线选择见表6-32和表6-33。

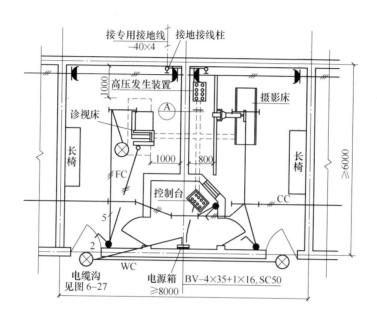

图6-29　管电流500mA X光机机房电气布置平面图（一）

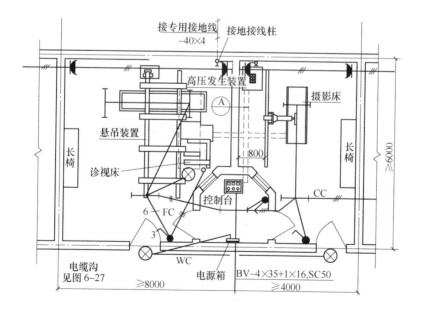

图6-30　管电流500mA X光机机房电气布置平面图（二）

表 6-31 　 管电流 500mA X 光主要电气技术性能表

项 目	内 容	
透视	管电流	0.5 ~ 5mA 连续可调
	管电压	45 ~ 110kV 连续可调
摄影	管电压	45 ~ 125kV 连续可调
	管电流	25 ~ 500mA 分档可调
	曝光时间	0.01 ~ 5s 分 23 档可调
电源条件	容量	30kVA
	电压（两相）	380V
	内阻	0.3Ω
	频率	50Hz

表 6-32 　 图 6-29 的开关、导线选择

电源箱进线		电源箱至控制台			备注
供电电压/V	开关型号	供电电压/V	开关型号	导线选择	
380/220	TO-225BA/3200 （125A） CM1-225C/3200 （125A）	380	TO-100BA/3300 （80A） CM1-100C/3300 （80A）	BV-2 ×35，SC40	两相

表 6-33 　 图 6-30 的开关、导线选择

电源箱进线		电源箱至控制台			备注
供电电压/V	开关型号	供电电压/V	开关型号	导线选择	
380/220	TO-225BA/3200 （125A） CM1-225C/3200 （125A）	380	TO-100BA/3300 （60A） CM1-100C/3300 （63A）	BV-2 ×35，SC40	两相

医疗 X 光机机房电气设备的安装基本同前述章节。其中，管路敷设详见本书第三章 "一、管路敷设方法" 中的相关内容，灯具照明装置详见前述第一章 ~ 第五章及本章前述内容。此外应注意以下几点：

1) 所有电气设备、材料、元件安装前要进行测试和试验，详见本丛书《电气设备、元件、材料的测试及试验》分册，确保其质量。

2) 施工安装时，应事先与医务人员沟通，特别是医疗设备技术人员，要倾听他们的意见和建议，避免不必要的返工，交验试灯时应由他们的代表在场。

3) 要特别做好接地/接零的工程，同时要做好防静电的接地工程，接地电阻应小于1Ω。

4) 作为特殊场所的 X 光机机房电气设备的安装，其技术难度并不大，但其重要性、可靠性要比一般场所高得多，作为安装人员一定要兢兢业业、认真负责，严格按操作规程、标准规范安装作业，确保工程的质量，确保今后运行的正常。

九、PLZ-3 系列航空闪光障碍灯的安装

PLZ-3 系列航空闪光障碍灯技术数据及适用范围见表 6-34。

表 6-34　PLZ-3 系列航空闪光障碍灯技术数据及适用范围

名　　称	型　　号	有效光强 /cd	闪光频率/(次/min)	光源寿命/次	供电方式	使用环境温度/℃	功耗/W	外形尺寸 $L \times W \times H$ /mm	质量/kg	颜色	适用范围
太阳能闪光障碍灯	PLZ-3	>1600			太阳电池		2	460×330×360	6.5	红	铁塔及电缆敷设困难场所
										白	铁塔顶端
交流闪光障碍灯	PLZ-3J	>1600～12000					<50	180×150×340	3.0	红	烟囱、铁塔及高大建筑物
										白	铁塔顶端
高光强闪光障碍灯	PLZ-3JH	>160000～200000	40～70	闪光 10^8			<60	180×150×375	4.5	红	高于 150m 的高大建筑物及构筑物
										白	背景光较强的城市高层建筑物
交流联闪障碍灯	PLZ-3JL	>1600～12000			AC220V	−40～+70	<50	180×150×340	3.0	红	城市高层建筑物广播通信电视塔
高光强联闪障碍灯	PLZ-3JLH	>160000～200000					<60	180×150×375	4.5	白	150m 以上的高耸建筑物和构筑物及背景光较强的城市高层建筑物和构筑物
										红	
交流景观联闪障碍灯	PLZ-3JLR	>160000～200000	10～30	闪光 10^7			<150	180×150×340	3.0	红	单独或与以上频闪灯配合使用，有较强的景观效果

基本接线方式见图 6-31。

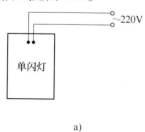

a)　　　　　　　　　　　　　　　b)

注：PLZ-3JH 型高光强闪光障碍灯及 PLZ-3JR 型单闪障碍灯接线同图。

注：PLZ-3JR/ZK、PLZ-3JLH/ZK 联闪主控制灯接线同上图。联闪集中控制器一般安装在室内，壁挂式固定安装，可设置于建筑物顶层电梯间或电工控制室。

图 6-31　PLZ-3 系列航空闪光障碍灯基本接线方法
a）PLZ-3J 型单闪接线示意图　b）联闪主控制灯与联闪灯接线示意图

系统接线图见图6-32。

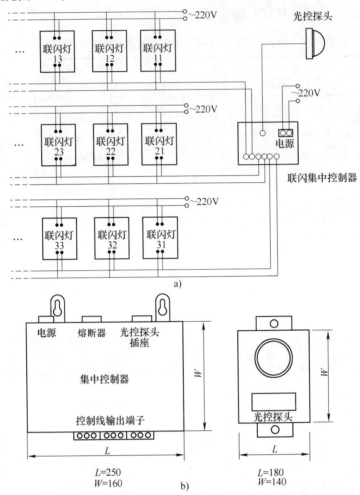

图6-32　PLZ-3JL 联控闪光障碍灯系统接线图

a）三组顺序闪光　b）联控闪光障碍灯控制器及光控探头

灯头安装图见图6-33。

航空闪光障碍灯为高空安装的警示装置，为了保证其功能及安全性，一般应确保以下几点：

1）灯具宜采用双接线端子接线，导线宜采用双回路线缆，具体方法参见本章"四、室内综合体育馆照明装置的安装"，不再赘述。

2）灯具、控制装置、光控探头、线缆在安装前必须进行测试和试验，具体方法参见本丛书《电气设备、元件、材料的测试及试验》分册。

3）灯具、电缆等在高空安装的装置必须采用螺栓双螺母固定，并将基螺杆端铆死，所有金工件应采用镀铁件。

4）安装前应将灯具、光控探头、控制器、线缆在地面接线通电进行模拟试验，及时发现不妥，以免不必要的返工。

5）高空安装的灯具及杆塔必须做好防雷接地工程，接地电阻小于4Ω，具体方法参见本丛书《电气工程安全技术及实施》分册。

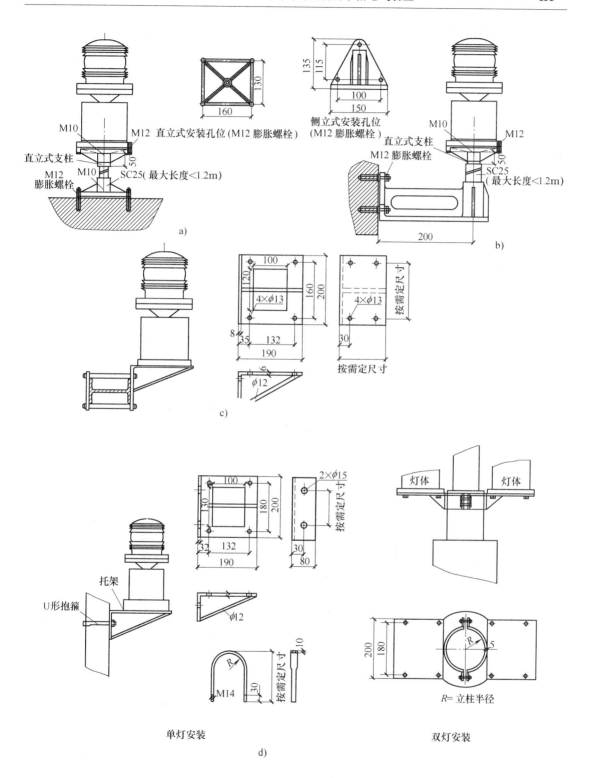

图 6-33　灯头安装图举例

a）直立式标准固定支座　b）侧立式标准固定支座

c）支架式固定　d）抱箍式固定

十、宾馆饭店客房电气设备的安装

宾馆饭店客房电气设备较为简单，安装方法前述章节已进行了详细讲述，这里就一些特殊装置做一简单说明。

1）按图样设计下管配线，安装时对元件设备必须进行测试和试验。

2）客房电气设备设置及控制各系统见图6-34。

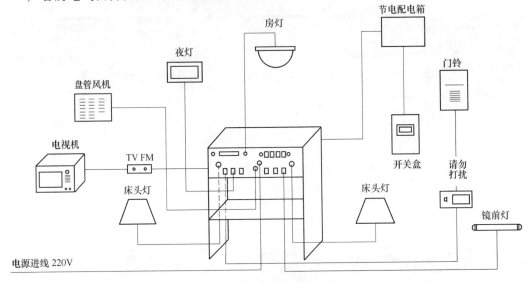

图6-34　客房电气设备设置及控制各系统图

3）客房电气设备系统接线图见图6-35。

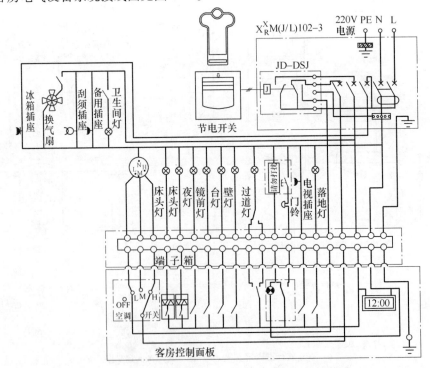

图6-35　客房电气设备系统接线图

4）客房节电配电箱系统结构图见图 6-36。

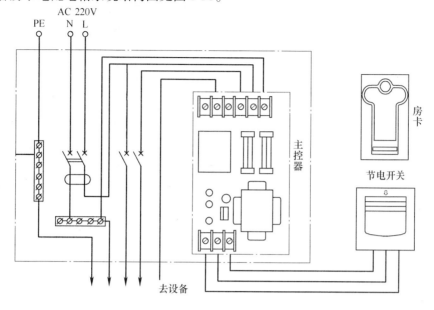

图 6-36　客房节电配电箱系统结构图

5）客房节电配电箱元件配置表见表 6-35。

表 6-35　客房节电配电箱元件配置表

节电配电箱类

型　号	外形尺寸（$L \times H \times W$）/mm	内　配　设　备
XXM（J/L）102-2 （明装）		单极开关 2 只；节电开关 1 套；漏电开关 1 只
XXM（J/L）102-3 （明装）	$30 \times 200 \times 90$	单极开关 3 只；节电开关 1 套；漏电开关 1 只
XXM（J/L）102-4 （明装）		单极开关 4 只；节电开关 1 套；漏电开关 1 只
XRM（J/L）102-2 （明装）		单极开关 2 只；节电开关 1 套；漏电开关 1 只
XRM（J/L）102-3 （明装）	$280 \times 180 \times 90$	单极开关 3 只；节电开关 1 套；漏电开关 1 只
XRM（J/L）102-4 （明装）		单极开关 4 只；节电开关 1 套；漏电开关 1 只

请勿打扰指示板

型　号	规　格	备　注
DY-N1	220V　86 系列	配套门铃 220V

夜（脚）灯

DY-YD1	220V 15W 预埋墙洞尺寸（$L \times H \times W$） 200mm × 100mm × 80mm	柜外安装
DY-YD2	220V 15W	柜内安装

（续）

节电开关类			
型　号	规　格		备　注
DYJD-DSJ	220V	10A	机械直通式
DYJD-DSJ0	220V	10A	机械直通式，带延时功能
DYJD-DSJ1	220V	10A	光电编码，带延时功能
DYJD-DSJC0	220V	10A	与轻触式床头集控板配套使用，机械直通式，带延时功能
DYJD-DSJC1	220V	10A	与轻触式床头集控板配套使用，机械直通式，带延时功能
DYJD-DSJC2	220V	10A	与磁卡门锁配套使用，磁卡式，带延时功能
DYJD-DS	220V	10A	光电编码，无触点式
DYJD-DS1	220V	10A	人体感应全自动式，室内有人自动给电，室内无人自动断电

十一、自动门的安装

自动门作为一种安全防护装置常用于公共场所且人流不多的地方。

自动门由门体、机械传动装置、探测器、控制器等部件组成。

自动门安装示意图见图 6-37。

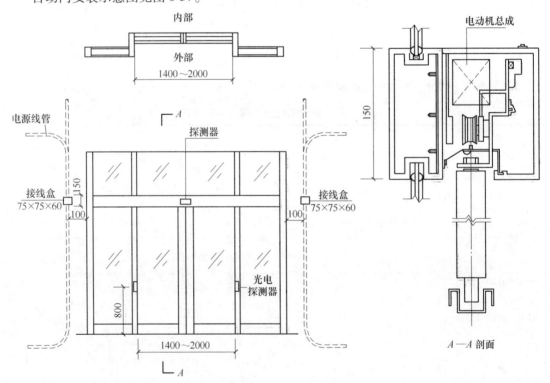

图 6-37　自动门安装示意图

自动门电气装置安装接线示意图见图 6-38。

图 6-38 中，接线应注意以下几点：

1）探测器：ZM 系列自动门配套以下 4 种类型探测器，探测器对称安装于门横框的内外侧中部。

① TH-1 红外探测器，电源 200V。

② TH-2 红外探测器，电源 100V。

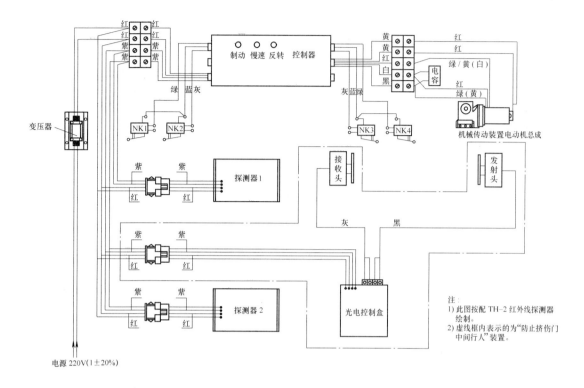

图6-38　自动门电气装置安装接线示意图

③　TW-1 微波探测器，电源 12V，加 5W 变压器。

④　TW-2 微波探测器，电源 100V。

2）光电探测器：为防止挤伤门中间的行人，设有光电探测器（有源红外线遥控开关），安装在固定门的两测，距地 0.8m 处一个发射，一个接收。

3）控制器：接收探测器送来的开关信号，并根据电动机反馈及行程开关状态，控制传动电动机的运行。

4）传动装置：包括电动机总成及行程开关、控制器等。

该自动门功率不大，控制简单，电动机功率小于 100W，关门延迟时间为 0.5 ~ 8s 可调。

自动门的安装应由安装钳工配合，所有元器件应进行测试和试验，详见本丛书《电气设备、元件、材料的测试及试验》分册；相关的弱电器件详见本丛书《弱电系统的安装调试及运行》分册；其中探测器、接收头、发射头、光电控制盒应有保护设施以防碰击，安装要牢固，安装前应先模拟接线进行开关试验，合格后再安装接线。管线敷设与前述相同。

自动门根据其用途的不同，可在 -25 ~ +55℃环境条件下正常工作，湿度（当温度为 +40℃时）可达 90%。

十二、电动卷帘门的安装

电动卷帘门常用于店铺、柜台等小型商业场所，功率小（一般为 0.75kW 电动机），用途较广。

电动卷帘门安装示意图见图6-39。

电动卷帘门控制电路图见图6-40。

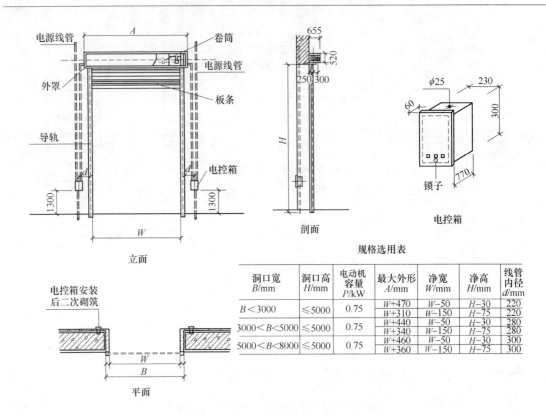

图 6-39　电动卷帘门安装示意图

规格选用表

洞口宽 B/mm	洞口高 H/mm	电动机 容量 P/kW	最大外形 A/mm	净宽 W/mm	净高 H/mm	线管 内径 d/mm
B<3000	≤5000	0.75	W+470	W−50	H−30	220
			W+310	W−150	H−75	220
3000<B<5000	≤5000	0.75	W+440	W−50	H−30	280
			W+340	W−150	H−75	280
5000<B<8000	≤5000	0.75	W+460	W−50	H−30	300
			W+360	W−150	H−75	300

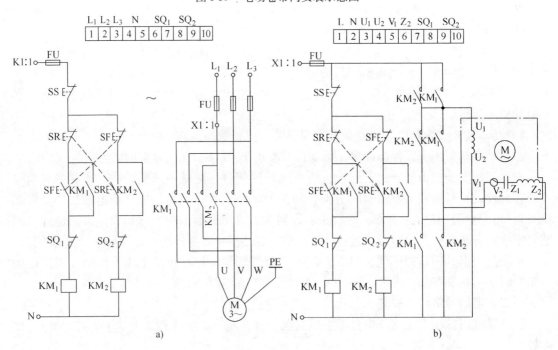

图 6-40　电动卷帘门控制电路图

a）三相电动机　b）单相电动机

电动卷帘门的安装可参见前述自动门的安装相关内容，做到先测试试验电气设备元件，后安装，如明装电控箱可装于卷筒内部最上面，按钮装于门旁并加锁。其中，220V 单相电动机驱动时，二次接线必须接对，正反转由励磁线圈 Z_1-Z_2 改变接法（KM_1 闭合正转，则 KM_2 闭合为反转，反之 KM_1 闭合反转，则 KM_2 闭合为正转）实现。

十三、其他单相电气设备及照明装置的安装

1. 传递窗灯具安装大样图（见图 6-41）

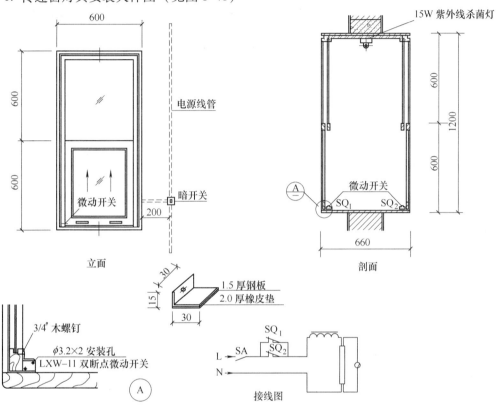

图 6-41　传递窗灯具安装大样图

传递窗是用于无菌室与外界隔离的一种装置，为了保证卫生条件的安全需在传递窗与外界连接处安装紫外线杀菌灯，开关安装在无菌室内，当传递窗开启时，微动开关 SQ 自动闭合，杀菌灯开始工作；窗关闭时，开关打开，杀菌灯停止工作。安装时应与土建工程配合。

2. 传递箱灯具安装大样图（见图 6-42）

传递箱是用于 X 光室和暗室处之间的一种保护装置，用来保证 X 光片进入暗室前不曝光。要求与传递窗基本相同。

3. 太阳能钟结构及安装（见图 6-43 和图 6-44）

太阳能钟是利用光能使时钟工作并能使蓄电池充电，供夜间及无阳光时正常工作使用。

太阳电池受阳光照射输出电能，向蓄电池充电，并且向电路板和时钟指示部分输电。蓄电池使石英振荡器产生 4.2MHz 信号，用 CMOS 集成电路转换成 1s 和 30s 的时钟信号，经选

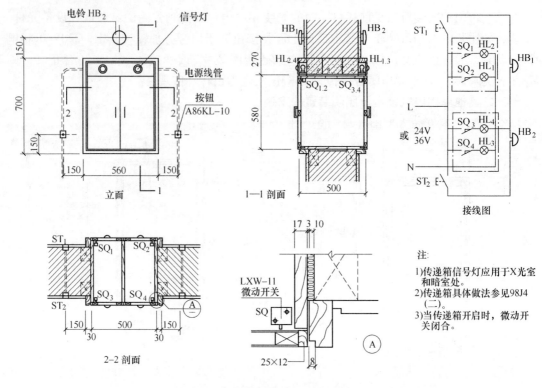

图 6-42　传递箱灯具安装大样图

注:
1)传递箱信号灯应用于 X 光室和暗室处。
2)传递箱具体做法参见 98J4（二）。
3)当传递箱开启时,微动开关闭合。

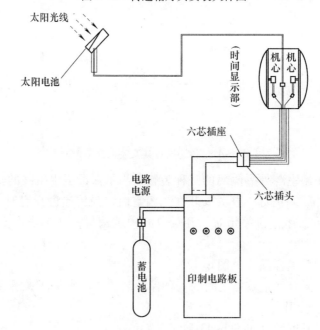

图 6-43　太阳能钟结构图

择后向时钟显示机心输出,即显示时钟时间。

太阳能钟可吊装、侧装、立装,见图 6-44。

要求安装(无论哪种方式)必须牢固,太阳电池向南 45°安装,其他管线同前。

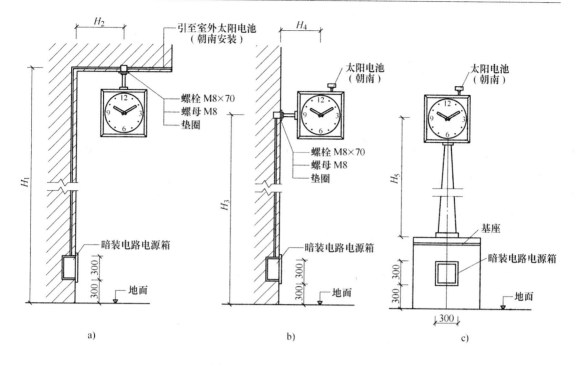

图 6-44 太阳能钟的安装方式

a) 吊装式 b) 侧装式 c) 立装式

4. X 光片观片灯的安装

X 光片观片灯安装较为简单，但应与土建人员配合，其他注意事项同前，见图 6-45。

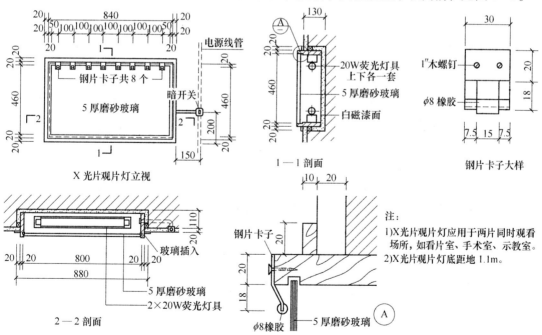

图 6-45 X 光片观片灯安装示意图

第七章 单相电气设备及线路的测试和试验

单相电气设备及线路的测试和试验在前述内容中已进行了详细的讲述，这里又以一章的题目列出，主要是要告诫同行们，不要轻视单相设备和线路，有很多在高电压、大动力的工程中做得很优秀的人却在这种低电压的照明系统中出了问题。因此，要求单相电气设备及线路同高压线路、动力线路一样，必须进行测试和试验，并做到以下几点：

一、总体要求

单相电气设备要进行绝缘电阻、最大电流、分断电流试验，线路要进行绝缘电阻测试。接线必须正确。

设备及线路安装接线后要进行检查和试验。检查和测试应由质检员和其他班组的人员进行互查，以便发现缺陷。线路的载流量必须有充分裕量。

单相电气设备及线路安装要整齐、美观、大方。

二、设备及线路的检查和试验

基本同动力电路，但要注意以下几点：

1）无论何种开关必须控制相线；插座接线必须正确；要求接地的端子必须正确接地，接地电阻必须符合要求；接线端子和接线盒内的接线必须包扎合格的绝缘带，铜线芯必须作镀锡处理。

2）安装完后系统必须进行绝缘电阻的测试，并应大于 $5M\Omega$。

三、送电及试运行

基本同动力电路，但要注意以下几点：

1）查线应按总路、分路、支路逐一查线，不要有半点遗漏，并有记录，确保接线正确。

2）送电时先总路、后分路 1、再支路 1，只有分路 1 的所有支路送电成功并支路 1 拉闸后才能送分路 2，依次进行；发现问题时必须停电处理，只有完全成功后才能往下进行。

3）分路、支路全部按程序送完后，才可按分路 1、支路 1-1，……，分路 2、支路 2-1，……，一一全部投入试运行状态，以便发现问题。

照明电路及单相电气设备的安装中，额定电压 500V 及以下插座、开关、照明灯具、照明配电箱（板）的安装，其质量标准及检验试验方法见表 7-1 ~ 表 7-5。

表 7-1 插座、开关安装

工 序	检 验 项 目	性 质	质 量 标 准	检验方法及器具
检 查	型式、容量		按设计规定	对照图样检查
	附件		齐全	清点
	外观		完好	观察检查

（续）

工　序	检　验　项　目		性　质	质　量　标　准	检验方法及器具
安　装	位置、高度		主要	按设计规定	对照图样检查
	型式			同一室内力求一致	观察检查
	插座	接线	主要	按 GB 50303—2002 规定	用试电笔检查
		接地	主要		
	开关	动作情况		灵活、可靠	扳动检查
		接线方式	主要	接相线	用试电笔检查
	固定螺栓数量			按制造厂规定	观察检查
	固定强度		主要	牢靠	手扳动检查
	误差调整	同一室内		≤5mm	拉线和用尺
		成排安装		≤1mm	用尺检查
其　他	暗式板面			端正、紧贴墙面	观察检查
	固定螺栓防松件			齐全	

表 7-2　照明、灯具安装

工　序	检　验　项　目	性　质	质　量　标　准	检验方法及器具
灯具检查	种类、型号、规格		按设计规定	对照图样检查
	附件		配套、齐全	核对清单
	外观		无缺损	观察检查
	连接件		配套、灵活、无卡涩	试装检查
灯架组装	装配顺序		按制造厂规定	对照厂家规定检查
	引出线截面	主要	按设计规定	对照图样检查
	引出线和灯具端子连接	主要	紧固，绝缘良好	观察检查
	组装部件		完整	
灯杆组立	中心线横向移位		≤50mm	拉线并用尺检查
	垂直误差		歪斜不明显	观察检查
电源接线	连接	主要	紧固，不承受拉力	观察检查
	螺口灯头接线		正确	用试电笔检查
	接线处绝缘处理		包扎紧密、均匀，且不低于原绝缘强度	观察检查
固　定	位置		按设计规定	对照图样检查
	固定方式		按制造厂规定	对照厂家规定检查
	固定螺钉点数	主要		
调　整	同一室内成排灯具		横平竖直，高度在同一平面上	观察检查
	嵌入顶棚装饰灯		边框在一条直线上	

（续）

工 序	检 验 项 目		性 质	质 量 标 准	检验方法及器具
其 他	灯泡、灯管	功率		按设计规定	对照图样检查
		与灯座连接		紧密、不松动	扳动检查
	外罩			无破损，与灯具紧密结合	观察检查
	附件（辉光启动器、整流器等）			齐全、固定牢固便于灯光维修	
	应急疏散指示灯			标志清晰，指示正确	
	36V 及以下照明变压器			按 GB 50303—2002 规定	对照规范检查
	密封有特殊要求的灯具		主要	按制造厂规定	对照厂家规定检查
	金属外壳接地或接零		主要	按 GB 50169—2006 规定	对照规范检查

表 7-3　照明配电箱（板）安装

工 序	检 验 项 目		性 质	质 量 标 准	检验方法及器具
箱或板安装	型式及回路数			按设计规定	对照图样检查
	位置、高度				
	箱体误差	箱高＜50cm		歪斜不明显	观察检查
		箱高＞50cm		≤3mm	吊线检查
	固定强度		主要	牢固	观察检查
	箱（板）接地		主要	牢固，导通良好	扳动并导通检查
内部检查	回路绝缘		主要	≥0.5MΩ	用绝缘电阻表检查
	负荷分配			按设计规定	计算
	刀开关			与负荷匹配,动作灵活、无卡涩	扳动检查
	螺旋熔断器			底座无松动，规格按 GB 50303—2002 规定	扳动并对照规范检查
	导线与端子连接			紧固	手拉检查
	零线、保护线连接			固定在汇流排上，编号齐全	观察检查
其 他	箱（板）多余孔洞封堵		主要	严密	观察检查
	箱（板）内部清理			干净，无杂物	
	控制回路标识			齐全、清晰	
	暗式箱盖固定			牢固，紧贴墙面无空隙	
	焊接处防腐			完好	

表 7-4　（分部工程名称）照明回路通电检查签证

通电检查验收范围		
检 验 项 目	检 验 结 果	备 注
照明箱标识		
照明箱是否直接接地		
电缆牌是否齐全		
照明开关命名与回路对照		

（续）

通电检查验收范围		
检 验 项 目	检 验 结 果	备 注
熔断器容量与设计对照检查		
回路绝缘最低值 MΩ	环境温度： ℃；湿度： %	
照明箱封堵及内部清洁		
漏电保护动作试验		
应急灯试投试验		
直流长明灯投入		
光电控制器试验		
交、直流电源自动切换试验		
照明灯投入 24h 时间	年 月 日 时 分 至 月 日 时 分	
插座回路通电 24h 时间	年 月 日 时 分 至 月 日 时 分	

观感质量评价：

（可就保护管、电缆、线槽排列、照明箱、开关、插座及灯具安装等是否整齐、美观等进行评价）

检查结论：

质检机构	验 收 意 见	签 名	
工 地			年 月 日
质 检 部			年 月 日
监 理			年 月 日
建设单位			年 月 日

表 7-5 动力和照明配线检查

工 序	检 验 项 目		性 质	质 量 标 准	检验方法及器具
配线检查	型号、电压及规格			按设计规定	对照图样检查
	材质				
	绝缘保护层			完好，无损伤	观察检查
配 线	管内检查			畅通，无杂物、积水	钢丝贯通检查
	回路布置			按设计规定	对照图样检查
	导线占保护管内空间			不大于 40% 保护管内空间	观察检查
	管口护线套			齐全	观察检查
	导线穿管		主要	无损伤，无打结	
	管内导线			无接头	观察检查
	导线在补偿装置内的长度		主要	有适当余量	手拉检查
接 线	剥线			线芯无损伤	观察检查
	导线连接	单股铜线铰接后焊接		紧固、接触良好,焊渣清理干净	
		套管连接		导线与套管规格匹配	
	导线与设备、器具的连接			按 GB 50303—2002 规定	对照规范检查

（续）

工　序	检 验 项 目	性　质	质　量　标　准	检验方法及器具
接线后检查	导线间及导线对地绝缘	主要	≥0.5MΩ	用绝缘电阻表检查
	保护地线连接	主要	可靠	观察检查
	盖板、面板		齐全、固定牢固、严密	

参 考 文 献

[1] 天津电气传动设计研究所. 电气传动自动化技术手册 [M]. 2 版. 北京：机械工业出版社，2006.
[2] 韩天行. 微机型继电保护及自动化装置检验调试手册 [M]. 北京：机械工业出版社，2004.
[3] 而师玛乃·花铁森. 建筑弱电工程安装施工手册 [M]. 北京：中国建筑工业出版社，1999.
[4] 电梯工程监理手册编写组. 电梯工程监理手册 [M]. 北京：机械工业出版社，2007.
[5] 余洪明，章克强. 软起动器实用手册 [M]. 北京：机械工业出版社，2006.
[6] 宫靖远，贺德馨，孙如林，等. 风电场工程技术手册 [M]. 北京：机械工业出版社，2005.
[7] 电力工程监理手册编写组. 电力工程监理手册 [M]. 北京：机械工业出版社，2006.
[8] 河北省 98 系列建筑标准设计图集 [M]. 北京：中国计划出版社，1998.
[9] 王建华. 电气工程师手册 [M]. 3 版. 北京：机械工业出版社，2007.
[10] 机械电子工业部天津电气传动设计研究所. 电气传动自动化技术手册 [M]. 北京：机械工业出版社，1992.
[11] 陕西省建筑工程局《安装电工》编写组. 安装电工 [M]. 北京：中国建筑工业出版社，1974.
[12] 电工手册编写组. 电工手册 [M]. 上海：上海人民出版社，1973.
[13] 第二冶金建设公司. 冶金电气调整手册 [M]. 北京：冶金工业出版社，1975.
[14] 湘潭电机制造学校. 电力拖动自动控制：上册 [M]. 北京：机械工业出版社，1979.
[15] 潘品英，等. 电动机修理 [M]. 上海：上海人民出版社，1970.
[16] 阮通. 10～110kV 线路施工 [M]. 北京：水利电力出版社，1983.
[17] 潘雪荣. 高压送电线路杆塔施工 [M]. 北京：水利电力出版社，1984.
[18] 李柏. 送电线路施工测量 [M]. 北京：水利电力出版社，1983.
[19] 农村电工手册编写组. 农村电工手册 [M]. 北京：水利电力出版社，1974.
[20] 车导明，等. 中小型发电厂和变电所电气设备的测试 [M]. 北京：水利电力出版社，1986.
[21] 庞骏骐. 电力变压器安装 [M]. 北京：水利电力出版社，1975.
[22] 庞骏骐. 高压开关设备安装 [M]. 北京：水利电力出版社，1979.
[23] 杜玉清，等. 送电工人施工手册 [M]. 北京：水利电力出版社，1987.
[24] 工厂常用电气设备手册编写组. 工厂常用电气设备手册 [M]. 北京：水利电力出版社，1984.
[25] 建筑电气设备手册编写组. 建筑电气设备手册 [M]. 北京：中国建筑工业出版社，1986.
[26] 冶金工业部自动化研究所. 大型电机的安装与维修 [M]. 北京：冶金工业出版社，1978.
[27] 张学华，等. 小型供热发电机组的安装、调试和运行 [M]. 北京：水利电力出版社，1990.
[28] 叶江祺，等. 热工仪表和控制设备的安装 [M]. 北京：水利电力出版社，1983.
[29] 航空工业部第四规划设计研究院，等. 工厂配电设计手册 [M]. 北京：水利电力出版社，1983.
[30] 牛宝元. 怎样安装与保养电梯 [M]. 北京：中国建筑工业出版社，1983.
[31] 丁明往，等. 高层建筑电气工程 [M]. 北京：水利电力出版社，1988.
[32] 陈一才. 高层建筑电气设计手册 [M]. 北京：中国建筑工业出版社，1990.
[33] 吴名江，等. 共用天线电视 [M]. 北京：电子工业出版社，1985.
[34] 刘介才. 工厂供电 [M]. 北京：机械工业出版社，1995.
[35] 化学工业部劳资司，等. 电气试验工 [M]. 北京：化学工业出版社，1990.
[36] 吕光大. 电气安装工程图集 [M]. 北京：水利电力出版社，1987.

[37]　李东明．建筑弱电工程安装调试手册［M］．北京：中国物价出版社，1993.

[38]　农电手册编写组．农电手册［M］．北京：水利电力出版社，1983.

[39]　天津电气传动设计研究所．半导体逻辑元件及其应用［M］．北京：机械工业出版社，1975.

[40]　南京工学院无线电工程系电子线路实验编写组．电子线路实验［M］．北京：人民教育出版社，1982.

[41]　本社．电气装置安装工程施工及验收规范汇编［M］．北京：中国计划出版社，1996.

[42]　上海新时达电气有限公司电梯使用说明书．

[43]　北京施耐德电气公司产品使用说明书．

[44]　姚炳华，彭振民，吴晋华．电气调整工程便携手册［M］．北京：机械工业出版社，2006.

[45]　白公．怎样阅读电气工程图［M］．北京：机械工业出版社，2001.

[46]　白公．维修电工技能手册［M］．北京：机械工业出版社，2007.

[47]　白公．电工仪表技术365问［M］．北京：机械工业出版社，2007.

[48]　张福恩，等．交流调速电梯原理、设计及安装维修［M］．北京：机械工业出版社，1991.

[49]　国家建委第一工程局．电焊工［M］．北京：中国建筑工业出版社，1979.

[50]　山东省工业设备安装公司．气焊工［M］．北京：中国建筑工业出版社，1979.

[51]　白公．电工安全技术365问［M］．北京：机械工业出版社，2000.

[52]　白公．高级电工技术与技能自学读本［M］．北京：机械工业出版社，2004.

[53]　袁国汀．建筑安装工程施工图集：七常用仪表工程［M］．北京：中国建筑工业出版社，2001.

[54]　DL/T 5161—2002 电气装置安装工程质量检验及评定规程［S］．北京：中国电力出版社，2002.

[55]　F. G. WILSON 威尔信香港有限公司产品说明书．

[56]　柳涌．建筑安装工程施工图集：六弱电工程［M］．北京：中国建筑工业出版社，2002.

[57]　GB 50339—2013 智能建筑工程质量验收规范［S］．北京：中国建筑工业出版社，2013.

[58]　GB 50093—2013 自动化仪表工程施工及质量验收规范［S］．北京：中国计划出版社，2013.

[59]　深圳中电力技术有限公司 PMC 产品说明书．

[60]　GB/T 11022—2011 高压开关设备和控制设备标准的共用技术要求［S］．北京：中国标准出版社，2012.

[61]　西安高压电器研究所有限责任公司．高压电器产品手册［M］．北京：机械工业出版社，2008.

[62]　王春江．电缆电线手册［M］．2版．北京：机械工业出版社，2001.

[63]　国家电网公司．电工安全操作规程［M］．北京：中国电力出版社，2003.